JN102759

ちょっとだけ科学の話22

浅野　正男 著

正男少年
(1961年 中学1年生)

はじめに

書名を『ちょっとだけ科学の話　22』としましたのは、身近に起きている自然界の現象に対して、子供達が興味を持つきっかけになれば良いなと考えたからです。

私は、高校生の頃から科学、とくに地学に興味を持つようになり、関連する書物や新聞記事などによく目を通すようになりました。

今の時代、「ポスト真実」などと言われるような風潮があり、真実が力を失いがちな傾向があることに、ある意味危機感を覚えております。

人類が築き上げてきた社会の仕組みは、合理的な経験の積み重ねによるのではないかと考えております。そして、これからの社会においても、合理的な経験の積み重ねや科学の力が大切ではないかと考えております。

社会の主人公となる子供達が、身近な自然界や社会の現象に対して、自身の考えをめぐらせながら、自分なりの理解をすることの大切さを知ってほしいと思っております。

大人でもそうですが、子供達が小さい頃から身の周りの現象に対して興味を持ち、自分なりに“なぜだろう”と考えて、自分の思考をめぐらせる経験が、とても大切な気がします。

本書では、自然界で起きている身近な現象の中から、『ちょっとだけ科学の話　22』として、取り上げてみました。

私自身が不思議だなと思うことと、子供達の興味が重なるとはかぎりませんが、子供達にとって、科学に興味を持つきっかけになればと思っております。

本書をまとめるにあたっては、文章の力の限界を感じましたが、それでも言葉の力を信じることにしました。できるだけ「言葉による可視化」に努めることにしました。

一番説得力があるのは、現実に起きている現象そのものですが、私は言葉の持つ力を信じることにしました。現象をより深く理解し、わかりやすい言葉で伝えることに努めました。

現実に起きている現象は、図解したり、イラストなどを添えることによって、より理解しやすくなるに違いありません。

太陽と地球の大きさのイメージとして、地球が太陽の中に100万個以上も入ってしまうことを表現するだけでも、なかなか難しいことです。

地球上からでは同じくらいの大きさに見える太陽と月が、実際には、地球からの距離の違いによるものであり、太陽はとっても大きくて、はるか遠くにあることなどを知ることになるのです。

地球から月までの距離は、約38万km。

地球から太陽までの距離は、約1億5000万kmも離れています。

1億5000万km ÷ 38万km= 約395

地球から太陽までの距離は、地球から月までの距離の約395倍も離れているのです。

これを実感するために、どのように表現したら良いのでしょうか?

地球は、赤道付近では秒速約463mで自転しています。月は地球の周りを秒速約1kmで回っています。地球は太陽の周りを秒速約30kmで公転しています。これらのことを、実感をともなって理解しやすく表現するには、どうしたら良いのでしょうか?

図解したりイラストの力を借りたりすることによっても、理解が拡がるでしょう。しかし、実感を伴うように図解やイラストで表現するのも、なかなか難しいものです。

そこで、アートディレクターの中平都紀子さんに文章の趣旨をふまえて図解やイラストで表現していただいたり、補足の解説文を添えていただきました。

自然界に起きている現象をより深く理解して、適切な言葉によって表現し、読者にわかりやすく伝える努力をしなければならないと思っております。

私の理解が足りないところは、読者の皆さんに補っていただけると幸いです。

ちょっとだけ
科学の話22 もくじ

ちょっとだけ科学の話 1　お月さま と ちきゅう

みなさんは、かごめかごめの遊びを　しっていますか？
一人の子が　おにになって、おにのまわりに　何人かの子が　わになって、むかいあって手をつなぎ、

「かーごめ　かごめ　かーごの中の　とりは、
いーついーつ　でやる　…」と、歌をうたいながら　まわるのです。
「よーあけの　ばんに
つーると　かーめと　すーべった、
うしろのしょうめん　だーあれ!!」
といって、おにが　おにの後ろにいる子を　あてる　あの遊びです。

手をつないで　むかいあって、おにのまわりを　ぐるりとひとまわりすると、Ａさんは　じぶんではなんかい　まわっているでしょう。
そうです。１かいだけまわります。
はじめに東をむいていたけど、北むきになったり、西むきになったり、南むきになったりして、おにのまわりを１まわりすると、また　東むきになります。
じぶんでも　１かいだけまわるのです。
まわっているときには、いつも　おにのほうを　むいているのです。

お月さまは、ちきゅうのまわりを　同じようにまわっているのです。
おにが　ちきゅうで、Ａさんは　お月さまと同じなのです。
お月さまは　ちきゅうのまわりを　１かいまわるとき、じぶんでも　１かいてんしているのです。そして、いつも　ちきゅうのほうに　同じかおを　見せているのです。
ですから、お月さまの　うらがわは、いつも　ちきゅうからは　見えないのです。

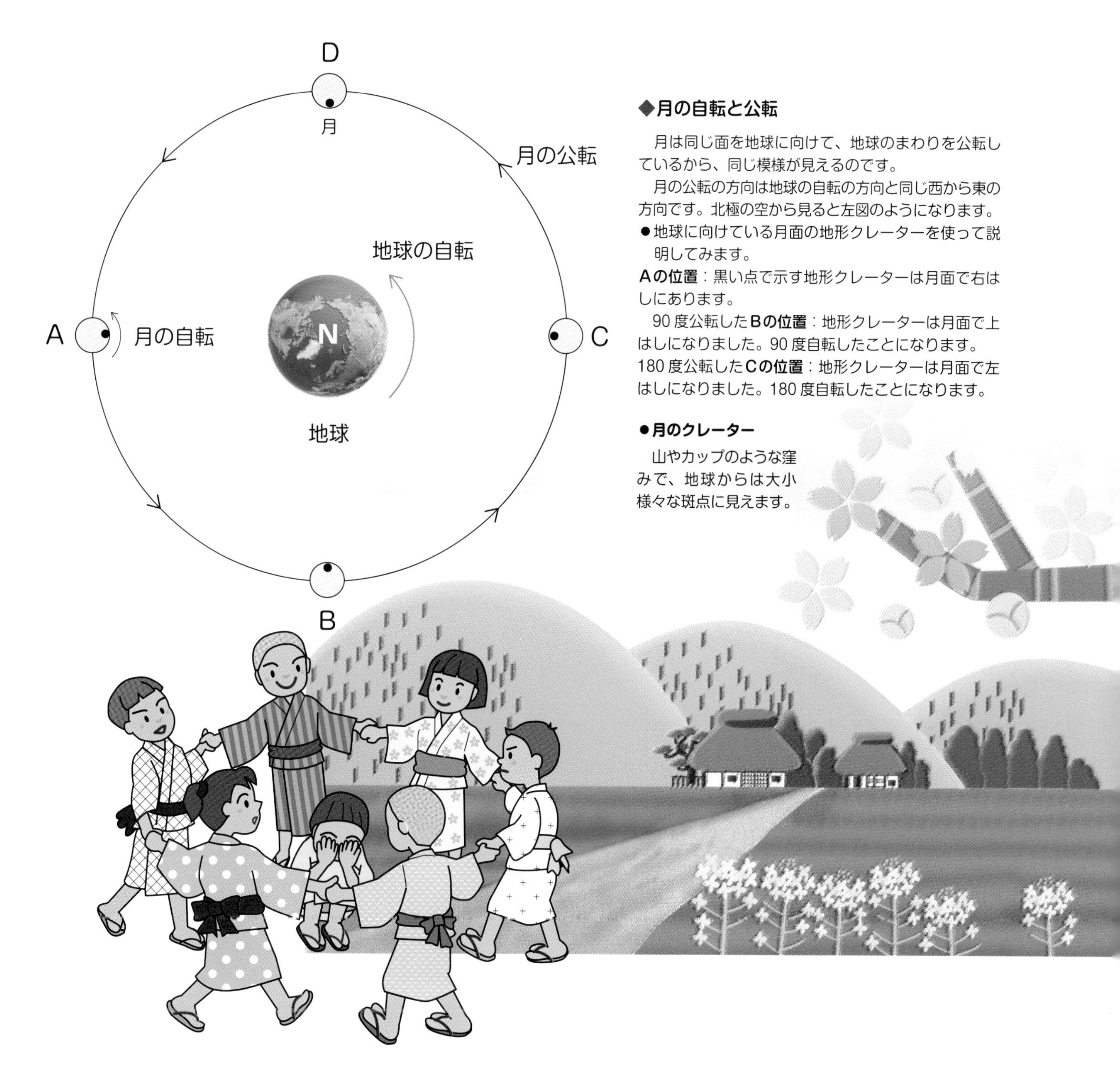

◆月の自転と公転

月は同じ面を地球に向けて、地球のまわりを公転しているから、同じ模様が見えるのです。

月の公転の方向は地球の自転の方向と同じ西から東の方向です。北極の空から見ると左図のようになります。

- 地球に向けている月面の地形クレーターを使って説明してみます。

Aの位置：黒い点で示す地形クレーターは月面で右はしにあります。

90 度公転した**Bの位置**：地形クレーターは月面で上はしになりました。90 度自転したことになります。
180 度公転した**Cの位置**：地形クレーターは月面で左はしになりました。180 度自転したことになります。

●月のクレーター

山やカップのような窪みで、地球からは大小様々な斑点に見えます。

ちょっとだけ科学の話 2　南向きの家 と 北向きの家

日本に住んでいる　みなさんの家は、どちら向きに　建っているでしょうか？
広い土地に家が建っている場合には、たいがいの場合　南向きに　建っているのではないでしょうか。
植物でもそうですが、人間にとっても　太陽の光は、とっても大切なものですからね。
せんたくものを干したりするのも、南がわがよく乾くし　よいかもしれません。

では、地球の赤道よりも南がわにある　オーストラリアなどの国の場合は、どうでしょうか？
オーストラリアの場合も、太陽は　東の空からのぼって　空高くのぼり、西の空にしずみます。これは、日本と同じです。でも、空高くのぼるのは南の空ではなく、北の空なのです。東の空からのぼって、北の空高くのぼり、西の空にしずむのです。
もう　わかったでしょう。
太陽の光は　人間にとって　とても大切なものですから、オーストラリアにすんでいる人たちの家

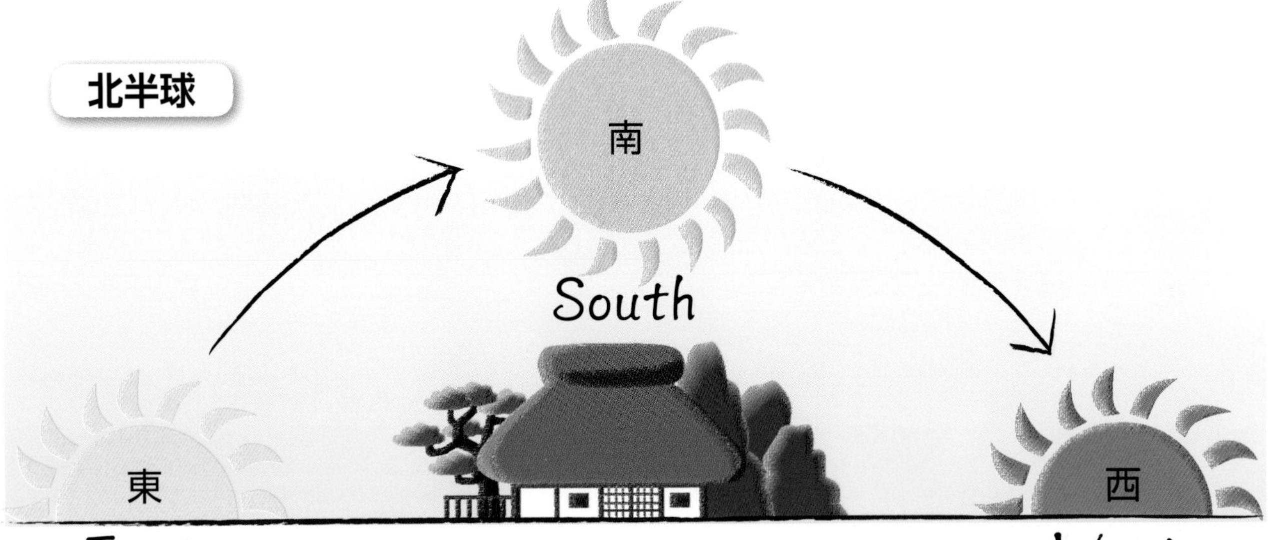

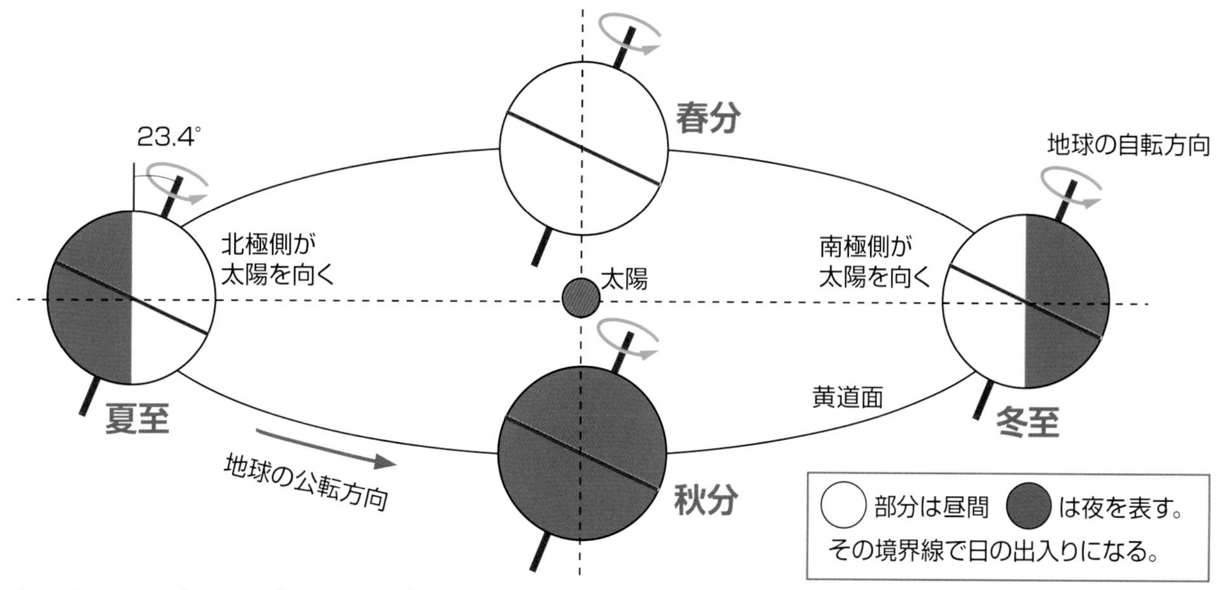

は、北の方がくを向いて建っている家が　多いのです。

南アメリカのブラジルやアルゼンチン、アフリカの南アフリカ共和国、そのほかニュージーランドなど地球の南に住んでいる人たちの家の多くは、北の方がくを向いて　建っている家が　多いのではないでしょうか。

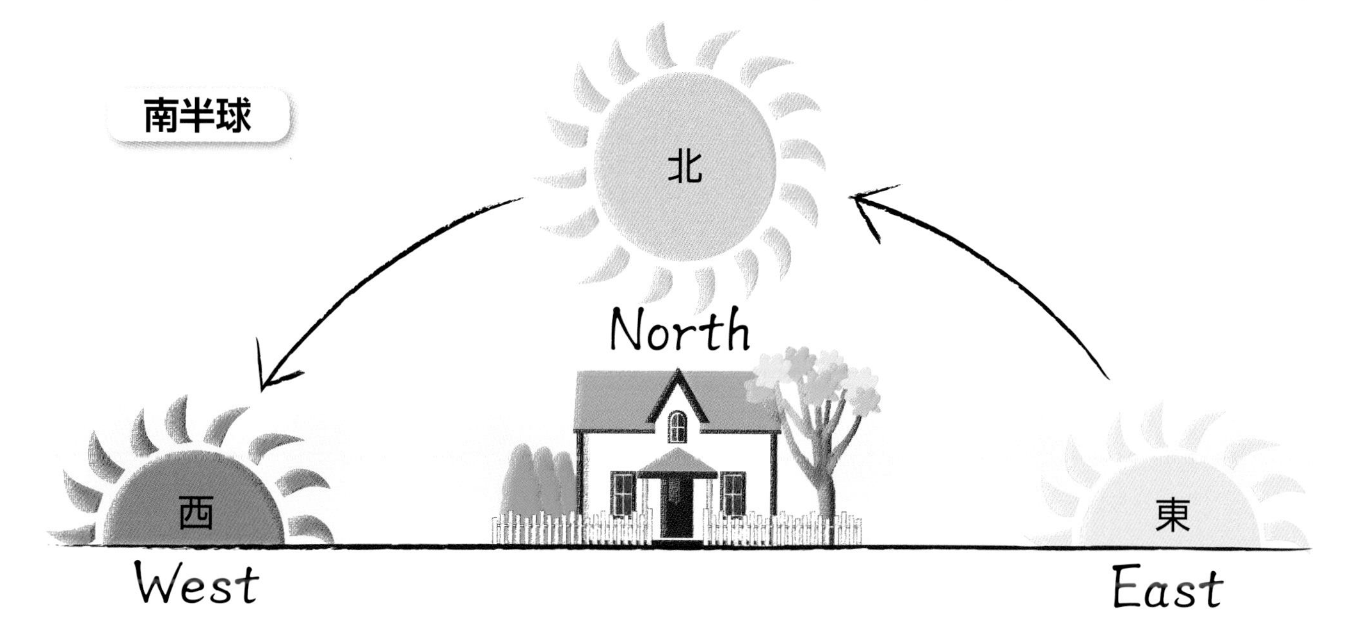

ちょっとだけ科学の話 3 地球や　お月さまは　どちらに向かって　まわっているのでしょうか？

朝になると、お日さまは　東のお空からのぼってきます。そして、南のお空に高くのぼって、西のお空にしずんでいきます。

つぎの日も、また　つぎの日も、お日さまは東のお空からのぼって　西のお空に　しずんでゆきます。

お日さまだけでなく、お月さまも、東のお空からのぼって　南のお空に高くのぼり、西のお空にしずんでいきます。

これは、地球が　宇宙に浮かぶボールのような球体で、1日に1回　東のお空の方に向かって、自分で　まわっているからなのです。

もしも　地球が　西のお空の方にむかって　まわっているのでしたら、お日さまも　お月さまも、西のお空からのぼりはじめ　南のお空に高くのぼって、東のお空に　しずんでいたことでしょう。

お月さまの場合は、どうでしょうか。

みなさん、夕方7時ころに、西のお空に　三日月を　見つけてみてください。

つぎの日も、また　夕方７時ころに、お月さまを　さがしてみてください。

お月さまは、どこに見えましたか。また、どんな形を　していましたか？

つぎの日も、また　つぎの日も、夕方７時ころに、お月さまを　さがしてみてください。

お月さまは、お空のどのあたりに　ありましたか？　また、どんな形を　していましたか？

夕方７時ころでなくても　かまいません。

じこくをきめて、同じ時間に　お月さまを　さがしてみると、お月さまは　だんだんと　お空の東の方に向かって　動いているのがわかります。そして、お月さまの形は、三日月から　だんだんとふとくなり、半分の形になり、また　ふとくなり、まんまるのお月さまになるのです。そして、こんどは　少しずつ　ほそくなっていくのです。

もう　おわかりでしょうか。お月さまは、地球のまわりのお空を、東に向かって　まわっているのです。

東に向かってまわりながら、お月さまの形がだんだんにふとくなり、三日月になり、半月になり、まん月になり、だんだんとほそくなり、三日月のはんたいの形になり、ついには見えなくなるのです。

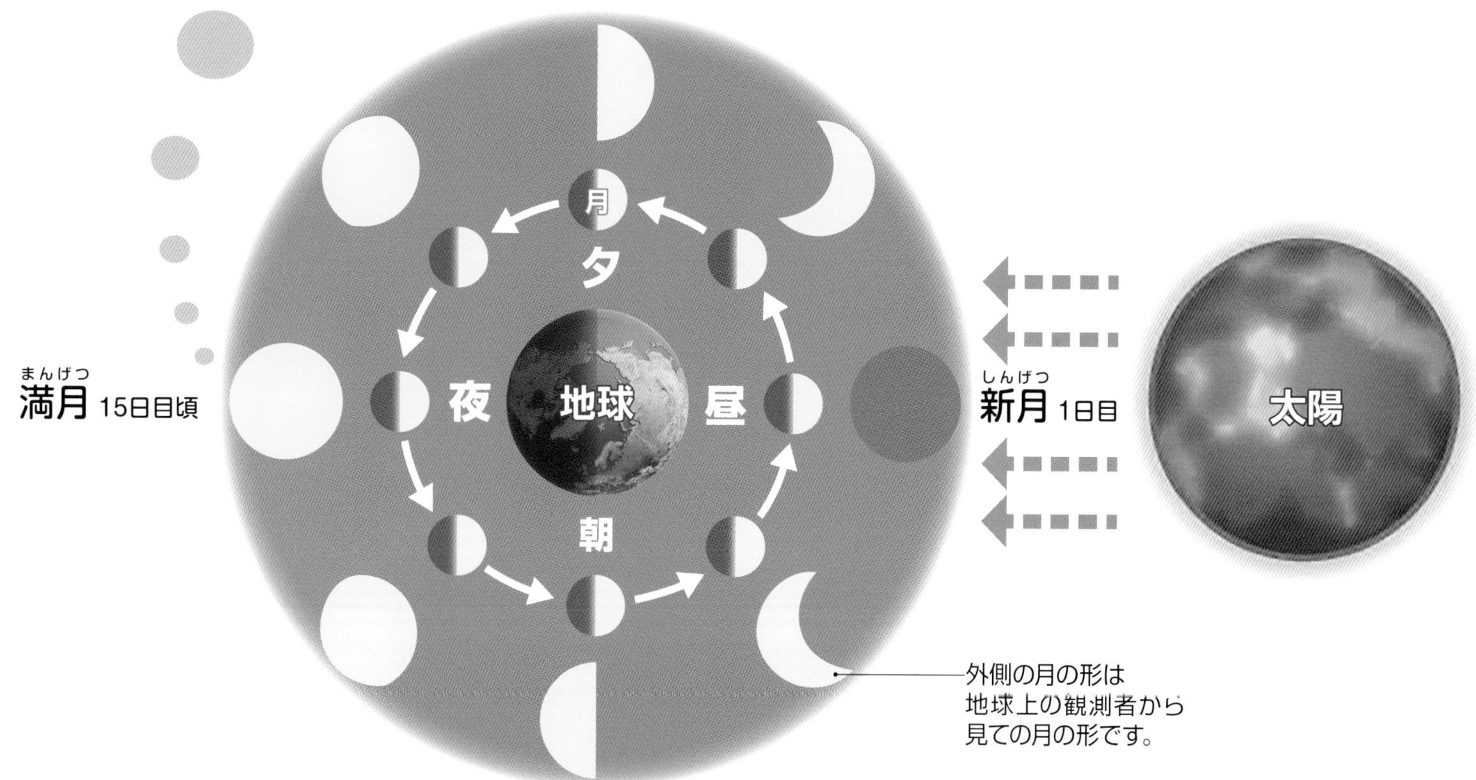

ちょっとだけ科学の話 4　お月さま　と　地球

お月さまが、お空にうかんでいます。お月さまは、地球のまわりを　まわっています。29日たつと、地球を　ひとまわりしています。

日にちがすぎると、月の形が　変わって見えます。

三日月になったり、半分の形になったり、まん丸になったりします。そして、だんだんにほそくなり、三日月のはんたいみたいな形になり、だんだんもっとほそくなり、見えなくなります。そして、3日ほどすると、また　三日月になるのです。

三日月から　三日月になるまで、29日ほどかかるのです。

まんまるの月を、まん月といいます。

まん月から　まん月まで、やっぱり29日ほどかかるのです。

まん月をながめてみると、なにかの絵のように見えます。

むかしの人は、うさぎがもちをついているんだと　いいました。

かにさんが　遊んでいるんだよ、という人もいました。

まん月などを　よく見てみると、いつも同じ絵のように　見えます。

じつは　お月さまは、みなさんに　いつも同じかおを見せているのです。みなさんは、地球の上に　立って、お月さまを　見ています。

お月さまは、地球のまわりを　1かい　まわるときに、自分でも　1かい　まわっているのです。

ですから、みなさんには　同じかおを　見せているのです。

お月さまは　地球のまわりを　まわっていると　いいましたが、地球も　お空に　うかんでいるのです。

お空に　うかんでいる　地球のまわりを、お月さまは　まわっているのです。

そのときに、地球は　自分でも　ぐるぐると　まわっているのです。

お月さまが　地球のまわりを　1周まわる時に、地球は　自分でも　29回ほど　まわっているのです。

地球は、お月さまが　46個ほど　入ってしまうほど大きいのです。

でも、お月さまと　地球を　ならべて見ると、地球の直径は　お月さまの直径の3.7個分ほどです。
お月さまに　地球のかげが　うつって見えることが　あります。
それは、かならず　まん月のときです。
地球も　まん丸の形を　しているのです。

※本当は、月が地球の周りを一回りするには、27.3日ほどで回るそうです。しかし、地球上にいる人が見る月の見かけの形は、三日月から三日月、満月から満月まで、およそ29.5日ほどかかるそうです。なぜ　このようなことになるのでしょうか？
それは、あとで　お話したいと思います。

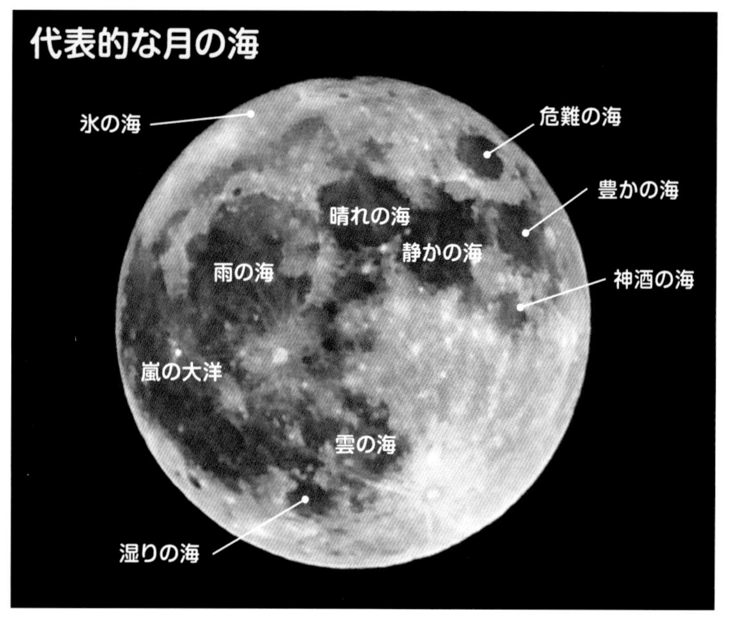

月は地球を1周する間に、1回自転をします。だから同じ面をいつも向けています。それには地球の引力が深く関係していています。「うさぎの餅つき」で黒く見える部分が地球に向いた面に多く集まっています。

この「月の海」と呼ばれる黒い部分の岩石成分は、他の岩石より比重がかなり大きいらしい。なので月の重心は地球の引力によって、黒い部分を地球の方に向けようとします。

日本では、「うさぎ」としていますが、これは世界共通ではありません。国によってさまざまです。

中　国	：ウサギが不老不死の薬草をついているカニ	アラビア	：吠えるライオン
ベトナム	：大きな木とその下で休む男性	モンゴル	：犬、嘘（うそ）をつくと吠える
カナダ	：バケツを運ぶ女性	インドネシア	：編物をしている女性
		ヨーロッパ	：本を読む女性・カニ

ちょっとだけ
科学の話 5

赤道　日本　南極で　あなたの体重を測ってみたらどうなるでしょうか？

あなたは　自分の体重を　知っていますか？

自分の体重のおおよそを知っている人は　多いと思いますが、じつは　体重が　測る場所によって　変わることを知っている人は、少ないかもしれません。

たとえば、あなたの体重を地球上の　①赤道で測った場合　②日本で測った場合　③南極で測った場合とでは、体重は変わるのです。

一番体重が重くなるのは、どこで測った場合だと思いますか？

正解は　③の南極で測った場合です。

どうしてだか　わかりますか？

それは、地球の自転が関係しているからです。

地球は、自分で一日に一回転しています。

このことを、地球が自転しているといいます。

日本に住んでいる人たちにとっては、太陽が東から昇って、南の空高くを通って、西の空に　沈んでゆくようにみえます。しかし、これは太陽が昇ったり沈んだりしているのではありません。

じつは、これは　地球が自転しているためなのです。太陽は、自分の場所で光り続けています。地球が自

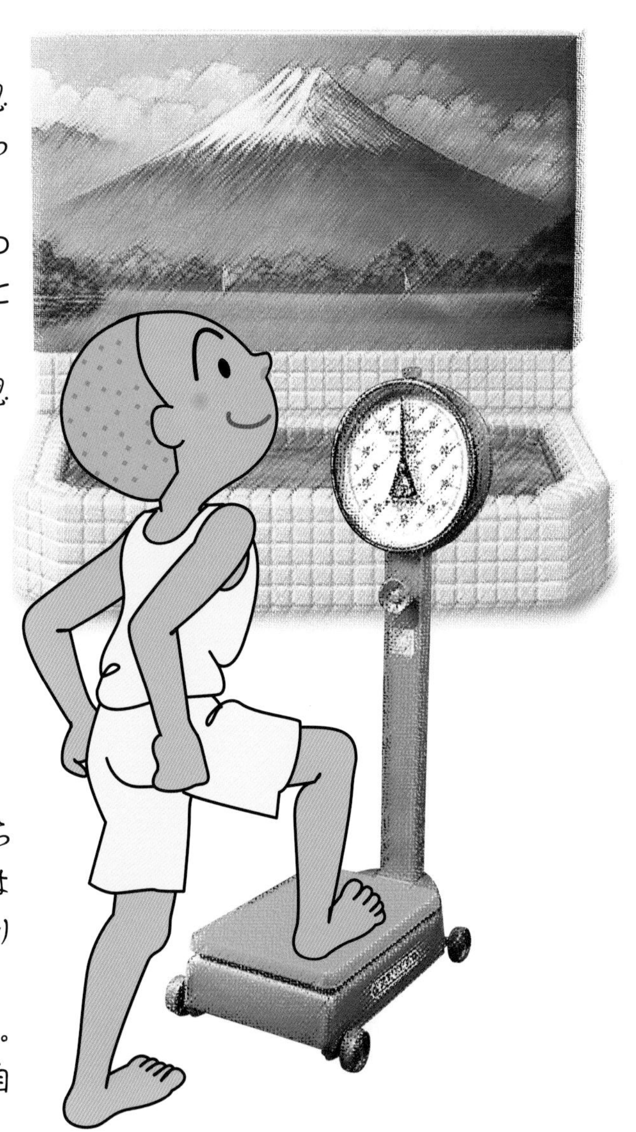

転するので、太陽が見えたり見えなくなったりするのです。

どのくらいの速さで　地球は　自転していると思いますか?

地球の赤道の周りは、およそ4万キロメートルあるといわれています。

一日は、およそ24時間ですね。

すると、40000km÷24＝約1666（km）

1時間では　約1666kmの速さで、自転していることになります。 時速1666kmといったら、 新幹線は時速300kmくらいですから、 その5倍以上のスピードです。

1分間では、

1666km÷60＝約27.767km

1秒間では、

27.767km÷60＝0.463km

1秒間では、約0.463km　つまり　約463m

なんと、 地球の赤道上にいる人は、1秒間におよそ463mの速さで　回っているのです。

地球は、 小さなお星様といわれることがあります。それでも、 地球の上には、 山があったり　海があったり　田んぼや畑　野原があったりします。　建物がたくさんあり、たくさんの人も住んでいます。

小さな星といっても、とても　大きな　地球なのです。

そして、その地球の赤道上にいる人は、1秒間に およそ463mの速さで　回っているのです。

赤道上に立っている人には、外に飛び出そうとする力（これを遠心力といいます）がはたらいているのです。

でも、地球は　とても大きなものですから、立っている人を引きつける力（これを引力といいます）が大きいので　飛び出すことはないのです。

地球上の南極では、どうでしょうか?

南極点の近くでは、1日　24時間で　地球は1回転するのですから、その場所に立っていても　座っていても、とてもゆっくりと回ることになるのです。

ですから、外に飛び出そうとする力は　ほとんどないのです。

そうすると、あなたの体重は　どうなるでしょうか？　地球があなたを引き付ける力は、地球のどこでも　ほぼ同じですからね。

あなたは、もう　わかったでしょうか？

あなたの体重が　一番重くなるのは、

③ の　南極で測った場合なのです。これは北極で測った場合も同じです。

一番軽くなるのは、わかりましたか？

そうです。

① の　赤道上で測った場合なのです。

あなたは気が付かないかもしれませんが、赤道上では、地球が　1秒間に　約463m の速さで回っているために、外に飛び出そうとする力が働くのです。そのために、体重が軽くなるのです。

あなたの体重が　日本で測った場合に　約50kgだとしても、赤道付近で測ると　もっと軽くなりますし、南極付近で測ると　もっと重くなるのです。

もしも、月の上で　あなたが体重を測ってみたら、どうなると思いますか？

地球の上で測った場合よりも、およそ6分の1ほどになってしまうのです。この場合には、地球の自転による遠心力ではなくて、月の重力が地球の重力と比べて　約6分の1ほどだということが関係しているのです。

北極で体重を測る
いちばん重い!
50.125kg位
南極も同じ。
赤道で体重を測る
いちばん軽い!
49.875kg位
日本で体重を測る
埼玉県の正男少年
体重は50kg
南極で体重を測る
いちばん重い!
50.125kg位
北極も同じ。

ちょっとだけ科学の話 6 地震の話

日本は　地震の多い国の一つです。

みなさんは、地震が起きた時に、はじめに揺れを感じてから少しして、ミシミシと揺れを感じる経験をしたことがありませんか？

初めの揺れをP波（たて波）、すこししてからの揺れをS波（よこ波）といいます。

P波とS波とでは、P波の方がスピードが速いのです。

そうしますと、P波が来てからS波が来るまでの時間がかかるほど、地震が起きた場所から、あなたが住んでいる場所までの距離が、離れていることがわかるのです。

でも、ときにはP波とS波が同時に起こる場合があります。縦の揺れと横の揺れとが、同時に起こる場合です。

それは直下型地震といって、震源地はあなたの住んでいる場所のすぐ近くで起きた場合です。

ズドンという縦に落ちるような感覚と激しい横の揺れが同時にきて、びっくりしてしまうのです。

なぜ、このような地震が起きるのでしょうか？

秩父の名を冠する貝・チチブホタテ
（埼玉県立自然の博物館）
秩父の名前が付けられたホタテガイの仲間。
1957年、秩父盆地の化石を研究した菅野博士によって命名されました。現在ホタテガイは寒い海を好むが、チチブホタテは亜熱帯域の貝と共に産出することから、温かい海を好んでいたと考えられます。

みなさんは、山にある岩石の中から、海の生き物の化石が見つかる話を聞いたことはありませんか？

また、河原のそばの崖で、小石や砂・粘土の層が重なっていて、それが斜めに傾いていたり、波のようにうねって曲がっていたりしているのを見たことはありませんか？

伊豆の大島や鹿児島県の桜島、長野県と群馬県の境にある浅間山、木曽の御嶽山など、いまでも噴火する火山などもたくさんありますね。

日本で一番高い富士山も、約1万7000年ほど前には海底だったということを、聞いたことはありませんか？　山梨県には、塩山という市の名前がありますね。今では内陸部にありますが、かつては浅い海の底だったために、塩山の近くからは塩が採れたので、この名前がついたのでしょう。
　地球は、生きて活動しているのです。

　世界には、大きな大陸がいくつもありますね。アジアやヨーロッパなどの国々があり、ヒマラヤ山脈やヨーロッパアルプス、そしてシベリアなどがあるユーラシア大陸。
　アメリカ合衆国やカナダ、メキシコなどのある北アメリカ大陸。ブラジル・アルゼンチン・チリなどがある南アメリカ大陸。エジプト・ケニアなどがあるアフリカ大陸。そして、日本の南方にはフィリピンなどの島国がありますね。
　海の中にポツンとある島々も、海底や海の中を覗いてみると、大きな陸があって、その一部が海の上に顔をのぞかせている姿なのです。
　大陸が載っている岩盤を、地殻（プレート）といいます。そして、このプレートはいくつもあって、それはゆっくり、動いているのです。
　地殻（プレート）の下には、マントルという部分があって、ゆっくりと動いているために、マントルの上に載っている地殻（プレート）が動いているのです。
　そして、ユーラシア大陸のプレートの下に北アメリカ大陸のプレートが潜り込んだり、太平洋プレートが潜り込んだり、フィリピン海プレートが潜り込んだりしているのです。
　プレートが潜り込む時に、上に載っているユーラシア大陸のプレートの一部は、一緒に引きずられるのですが、また、もとに戻ろうとするために激しい揺れが起きるのです。これが地震です。
　東日本大震災が起きたのも、これが原因なのです。そして、東南海地震が近いうちに起きるであろうと予測されるのも、今までに起きた過去の記録から、ある程度の予測はできるのです。
　かつて大陸であった所が、今は海になっていたり、浅い海だった場所が高い山になったりしているのです。
　世界で一番高い山といわれるエベレスト山（チョモランマ）も、かつては浅い海だったのです。
　ハワイ島なども、ゆっくりと日本の方に動いている話を、聞いたことはありませんか？
これらは、みな、プレートの移動やプレート同士の衝突で起きている現象なのです。

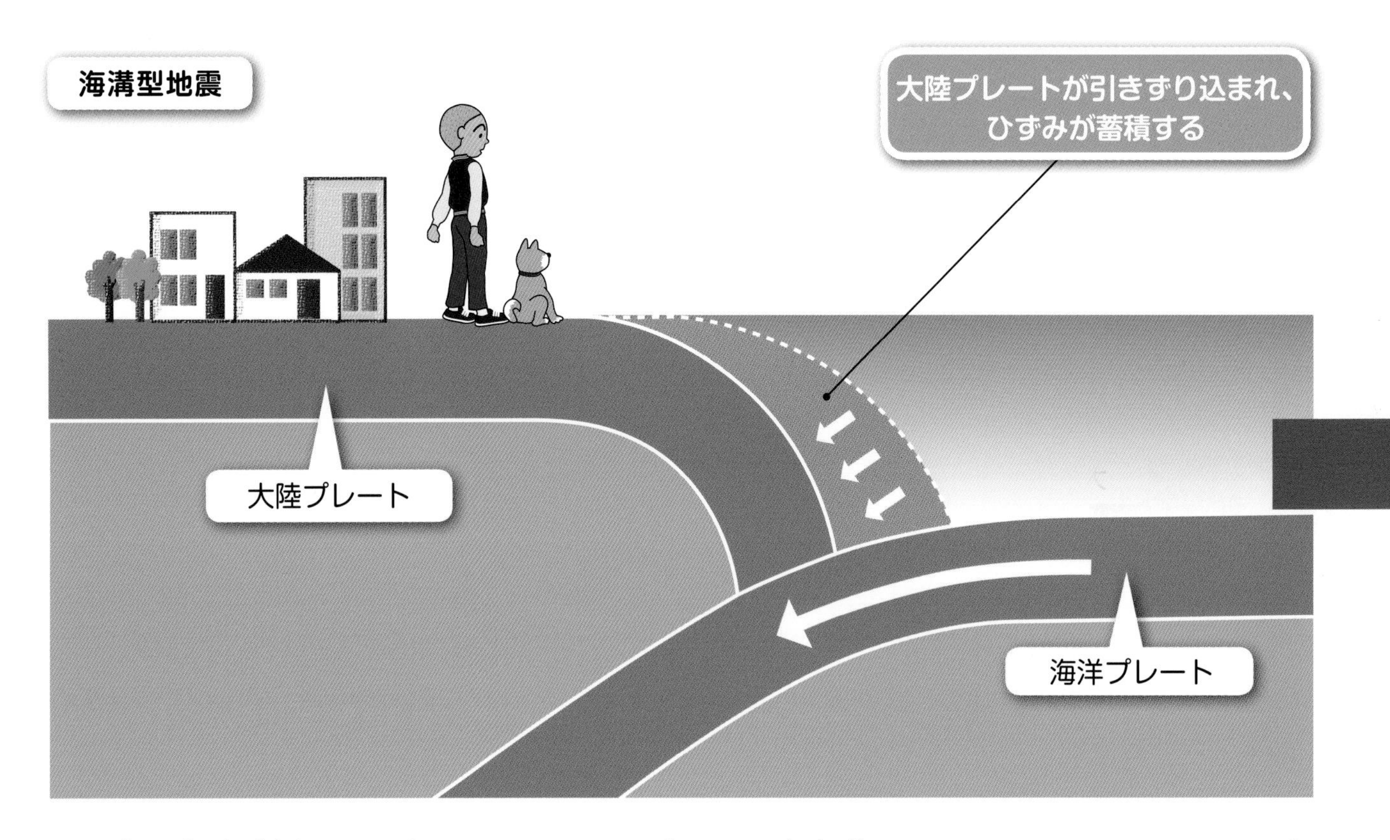

日本の太平洋側には、深さが1万メートルを超える日本海溝がありますが、これはユーラシア大陸のプレートの下に、北アメリカ大陸のプレートが潜り込んで、できたものなのです。そして、ユーラシア大陸の下には、また別の、フィリピン海プレートが潜り込んでもいるのです。これが東南海地震を起こすと考えられているのです。伊豆半島は、もともとは離れていたのに、フィリピン海プレートにのって移動してきて、衝突して日本列島にくっついてできたのだそうです。富士山もそのときにできたのだそうです。

プレートの下にプレートが潜り込んで、無理に潜り込んだプレートの一部が、もとに戻ろうとして激しく揺れるために、地震は起きるのです。その時のプレートの揺れの規模が大きいほど、地震の規模、いいかえれば地震のエネルギーの大きさ（マグニチュード）が大きくなるのです。

日本は、地震の多い国です。それだけ、日本の周辺では、地球が活発に活動しているのです。

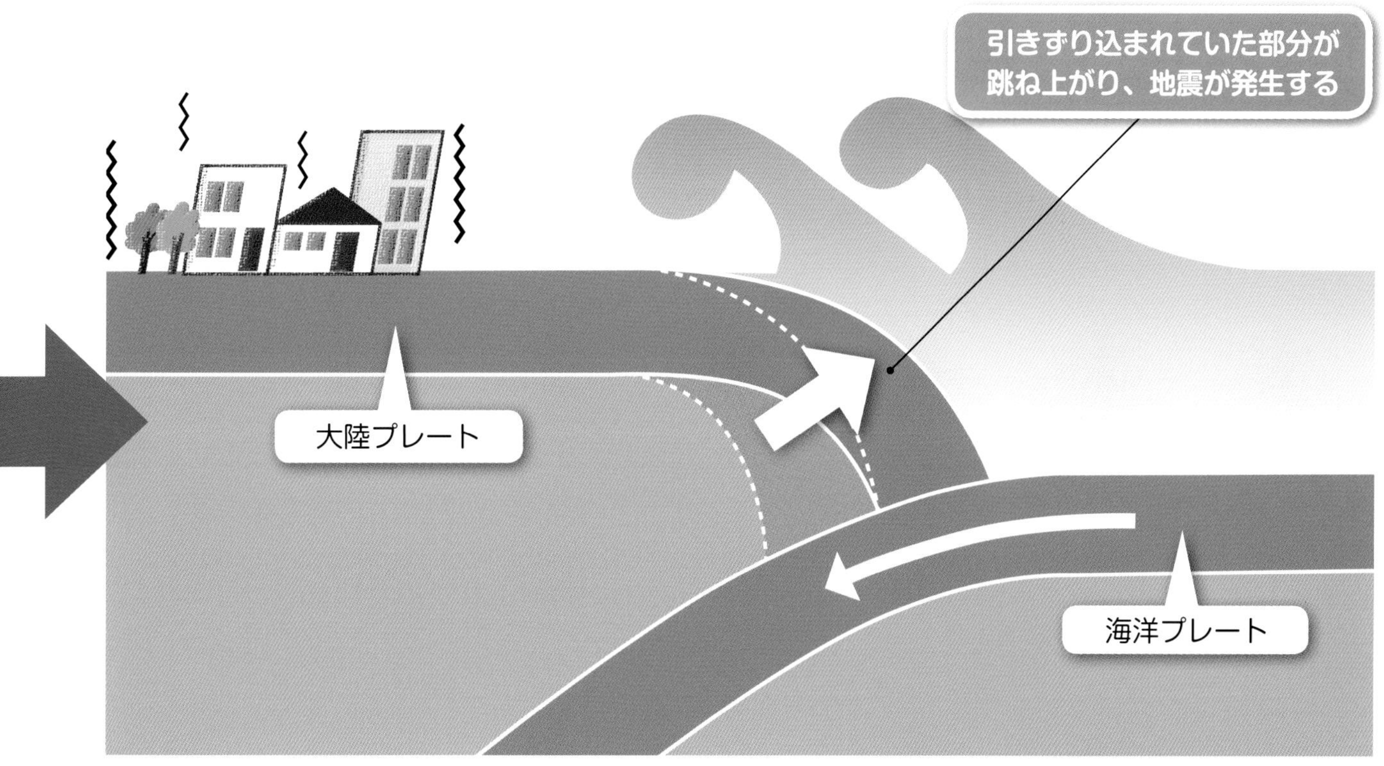

地震の種類

地震には「海溝型地震」・「内陸地震（プレート内地震）」の２種類あります。

海溝型地震	**内陸地震**（プレート内 地震）
海のプレートが、陸のプレートを押しつつ、引きずり込みながら陸のプレートに潜り込んでいき、陸のプレートがぎりぎりの状態までひずみ、摩擦の限界がくると、跳ね返ることによって起こります。 現在発生が懸念されている東海・東南海・南海地震がこれにあたります。	プレートの移動により割れた地殻が、縦や横にズレる時に発生します。
長周期の揺れが１分以上続く	揺れは短周期で短時間
規模が大きい	規模が小さい
大津波が起こる	いつ起こるか予測が困難
一定の周期で繰り返し発生することがわかっている	直下型（都市の地下が震源）で震源が浅いと震度が強い
（例）関東大震災・1923年	（例）阪神・淡路大震災・1995年

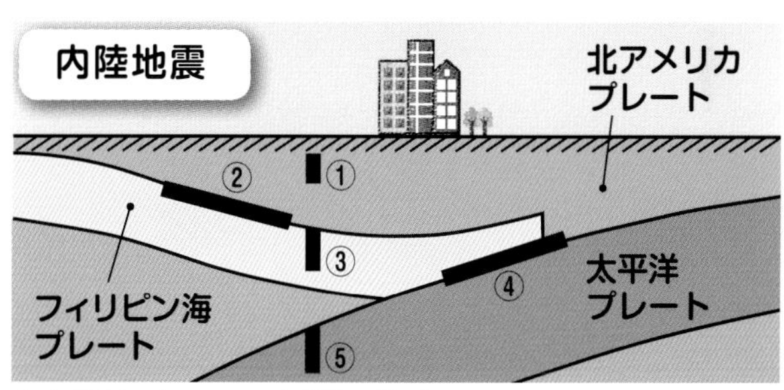

◆内陸地震の5つの震源の模式図（防災科学技術研究所による）

①地表近くの活断層による地震
②フィリピン海プレート上面に沿うプレート境界型地震（低角逆断層型）
③フィリピン海プレートの中の内部破壊による地震
④太平洋プレート上面に沿うプレート境界型地震（低角逆断層型）
⑤太平洋プレートの中の内部破壊による地震

ちょっとだけ科学の話 7

飛行機は東京の羽田空港から熊本空港へ飛ぶ時と、熊本空港から羽田空港へ飛ぶ時とでは、どちらが速く飛ぶのかな？

みなさんは、飛行機に乗って旅に出たことがありますか？

飛行機のスピードは、例えば東京の羽田空港から熊本空港まで飛ぶ時と、熊本空港から羽田空港まで飛ぶ時とでは、どちらが速く飛ぶと思いますか？ 同じ距離を飛ぶわけですから、変わらないと思いますか？

実際に乗ってみるとわかるのですが、熊本空港から東京の羽田空港まで飛ぶ時の方が、速いのです。なぜでしょうか？

これは、地球が自転していることと、地球の引力が関係しているのです。

今は、ほとんどの飛行機が力のあるジェットエンジンで飛びますが、プロペラ機の場合の方が、このことははっきりするかもしれません。

地球が自転していることを、あなたは知っていると思います。それでは、どちらに向かって回っているかわかりますか？　そうです。東に向かって回っているのです。太陽や月、そして星などが東の空から昇ってくるのも、実は　地球が東に向かって自転しているためなのです。

じつは、この時、地球の上空にある空気も一緒に回っているのです。地球の引力によって上空の空気も引きつけられているために、地球の自転のスピードとちょっとだけずれながら、やはり上空の空気までも西から東に向かって回っているのです。

このことが、飛行機のスピードに関係してくるのです。

川の流れを想像してみてください。川の流れに乗って、舟で下る場合を考えてみてください。そして、川の上流に向かって、舟で上っていく場合を考えてみてください。

飛行機に乗って、羽田空港から熊本空港に向かって東から西へ飛ぶ場合と、熊本空港から羽田空港に向かって西から東へ飛ぶ場合を、川の水の流れと舟のスピードとの関係で考えてみてください。

羽田空港から熊本空港へ向かって東から西へ飛ぶ場合は、空気の流れに逆らいながら飛ぶのですから、川の上流に向かって舟に乗っているのに似ていませんか？

熊本空港から羽田空港に向かって西から東へ飛ぶ場合は、空気の流れに乗って飛ぶわけですから、川の下流に向かって舟に乗っているのと似ていませんか？

もう、わかったかもしれません。

そうです。地球の自転に合わせて、東に向かって流れる空気に乗って飛ぶ飛行機の方が、スピードが速いのです。

東京の羽田空港から熊本空港に向かって飛ぶ飛行機よりも、熊本空港から羽田空港に向かって飛ぶ飛行機の方が、速く飛ぶことができるのです。空港で、出発時刻と到着時刻などを調べて、確かめてみてください。

プロペラ機の場合の方が　はっきりするかもしれませんが、ジェット機の場合でも、同じことが言えるのです。

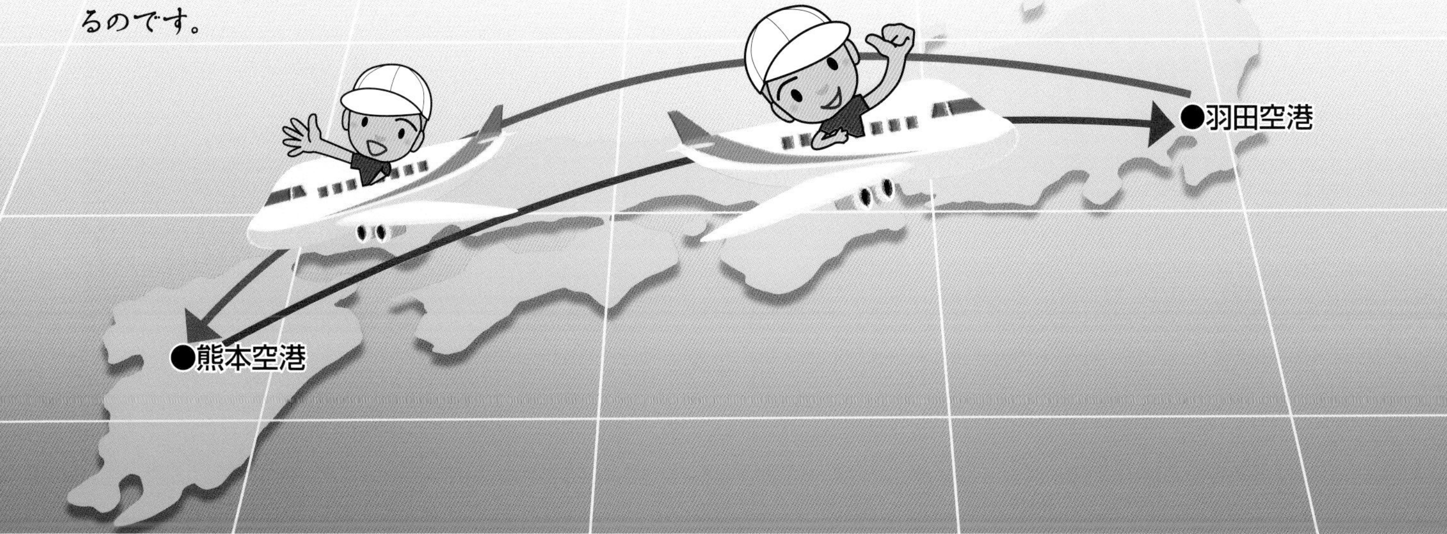

ちょっとだけ科学の話 8

日食と月食

昼間太陽が出ている時に、太陽が少しずつ欠けていくように見える現象を、日食といいます。
夜、月が出ている時に、月がだんだんに欠けていく現象を、月食といいます。
なぜ、日食や月食が起きるのでしょうか?

みなさんは、夜出ている月の形や方角そして時刻、太陽のある位置などを、気を付けて観察したことがありますか?
満月が出てくるのは、いつ頃でしょうか?
そうです。満月は、太陽が西の空に沈んだ直後に、東の空から昇ってくるのです。
西の空に沈んだ太陽に照らされて真ん丸に輝いた月が、東の空から昇ってくるのです。それが、満月なのです。
じつは、月食が起きるのは、この満月の時なのです。満月が、だんだんと欠けていく…。満月に黒い影がだんだんに広がっていく…。影の形は、どんな形をしていますか? そうです。円い形をしています。
この影の正体は、なんでしょうか?
満月に映る円い形をした黒い影。
そうです。満月に映った円い形をした黒い影の正体は、地球の影だったのです。
ですから、月食は、満月に映る地球の黒い影が少しずつ広がり、満月がだんだんに欠けていく現象なのです。
地球の影が、すっぽりと満月を隠してしまった現象を、皆既月食といいます。
全部でなく一部を隠した現象を、部分月食といいます。
月食が起きるのは、満月の時だけなのです。しかし、満月の時にいつでも月食が起きるわけではありません。

皆既月食
月食で、月全体が地球の本影に入る現象。地球の大気で屈折された太陽光が月に当たるため、赤銅色に淡く見え、全く見えなくなることは少ない。

日食の現象は、どのようにして起きるのでしょうか？ じつは、日食も、太陽と月が関係しているのです。

太陽と月の形を、よく観察してみてください。太陽と月の出ている時刻と位置にも、気を付けて観てください。

満月の場合には、太陽が西の空に沈んだ直後に、東の空から昇ってきました。

三日月は、太陽が西の空に沈んだ後に、西の空にみえます。

明け方、太陽が出てくる前に、東の空にうっすらと三日月の形が反対になった月を、見つけたことはありませんか？

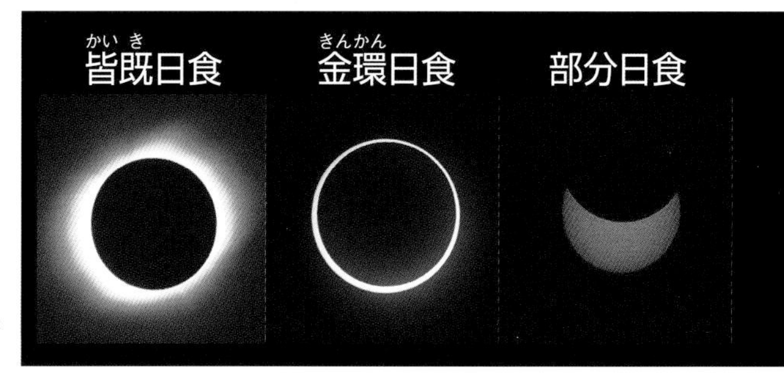

そして、日食は、どんな時に起きる現象なのでしょうか？

日食が起きるのは、いつも月が空に見えない時なのです。

本当は、月は出ているのですが、太陽があまりにも明るいので、月が出ているのに見えないのです。

そして、月が出ていることに気が付くのは、日食の時なのです。

もうわかった人がいるかもしれません。

太陽を隠してしまう犯人は、だれだかわかりましたか？　そうです。月なのです。

地球上にいる人から観ると、地球と月と太陽とが一直線上に並んだ時に、日食は起きるのです。

太陽と地球との間にちょうど月が入った時に、日食は起きるのです。

太陽が出ているのは、もちろん昼間です。

真ん丸の輝く太陽が、だんだんに黒い影に隠されていく。太陽がだんだんに欠けていく。

これが、日食の現象なのです。

黒い影の正体は、いつもは太陽の明るさのために見えない月だったのです。

満月からだんだんに欠けていき、細くなって見えなくなった月は、太陽が出ている時間にも本当は出ているのです。これを新月といいます。

ですから、日食は、新月の時にだけ起きる現象なのです。ただ、新月の時に毎回日食が起きるわけではありません。

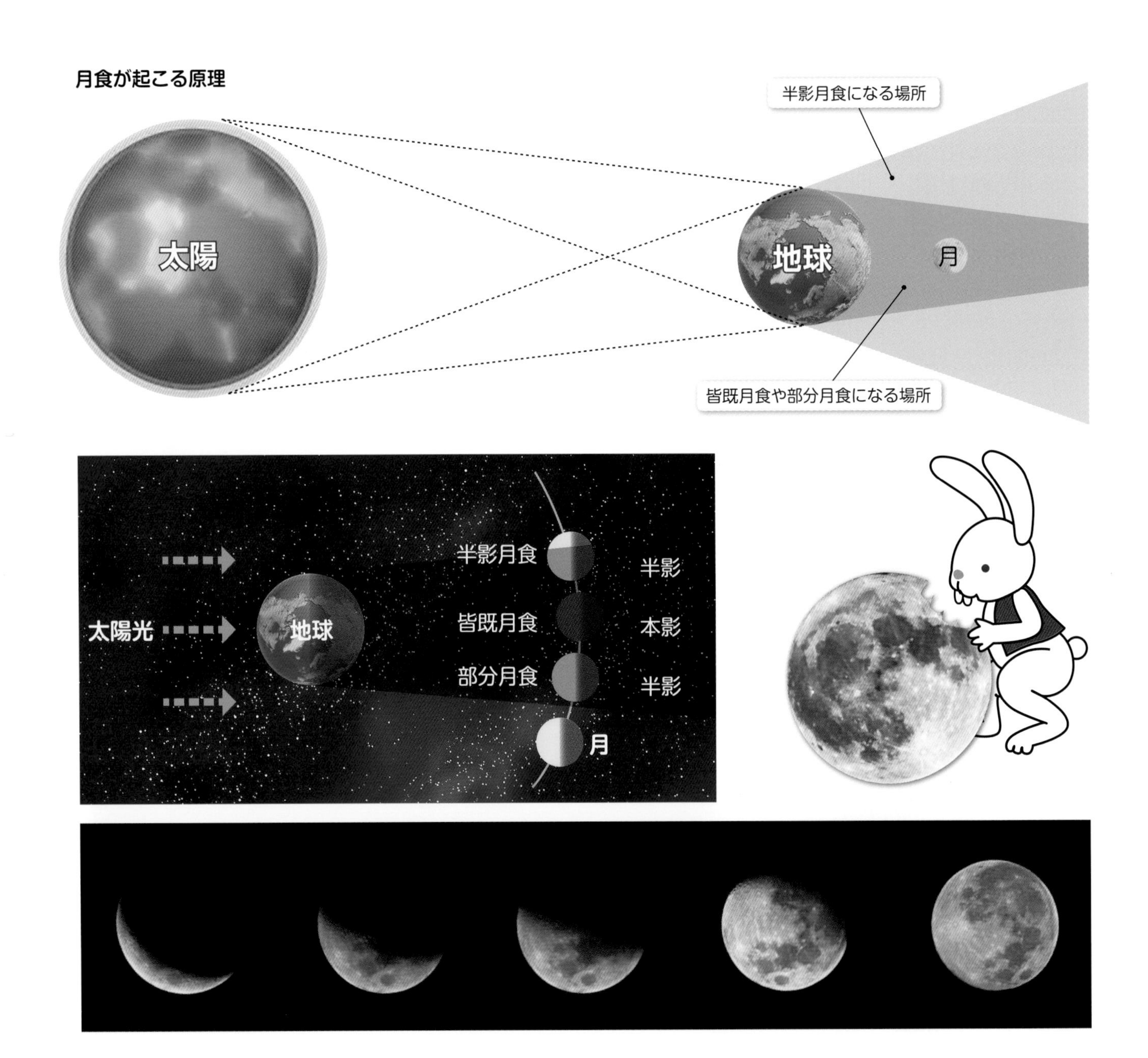

月食が起こる原理
半影月食になる場所
太陽
地球
月
皆既月食や部分月食になる場所
太陽光
地球
半影月食
皆既月食
部分月食
月
半影
本影
半影

日食が起こる原理

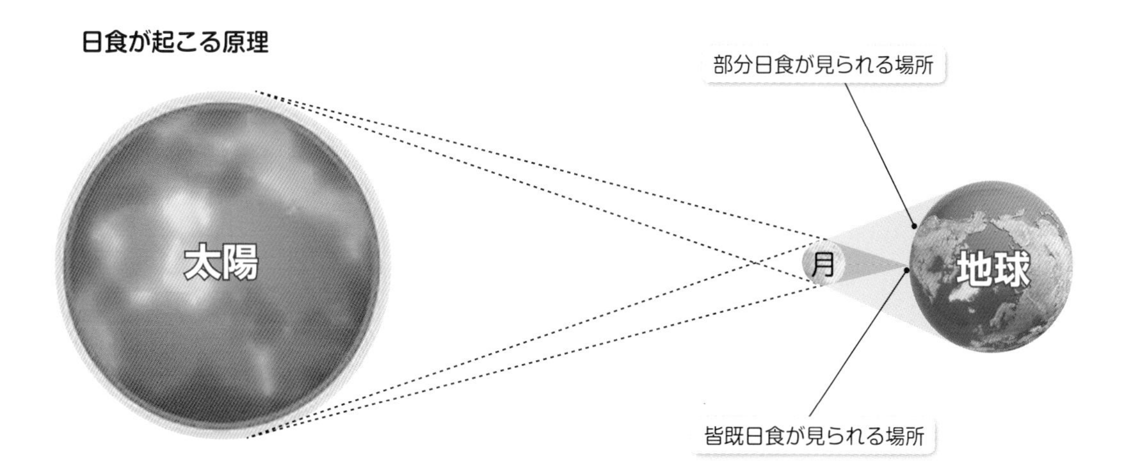

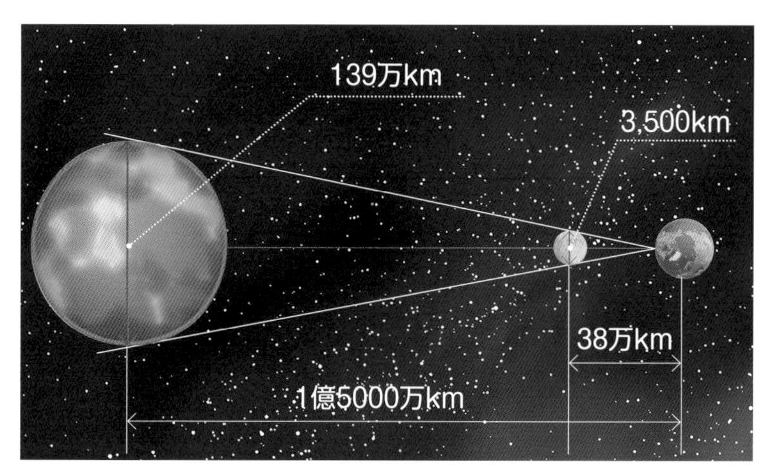

◆日食のしくみ

←太陽は月よりも 400 倍大きいけれど地球からの距離が 400 倍遠いため、地球から見る太陽と月はほとんど同じ大きさに見えます。そのため、太陽が月の影にすっぽり隠れてしまったり（皆既日食）、太陽の縁だけがはみ出て見える金環日食がおきるのです。

◆金環日食

↓2012年（平成24）5月21日、東京都江東(こうとう)区で撮影（写真左から右へ、日食の進行を示す）されました。日本では九州から東北南部の太平洋側の広い地域で見られました。東京では6時19分から9時2分に日食が観測され、このうち太陽がリング状に見える金環日食（中央）は7時32分から7時37分の約5分間でした。

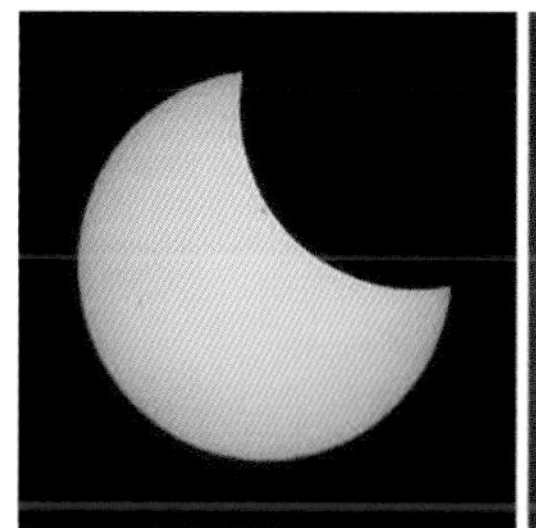
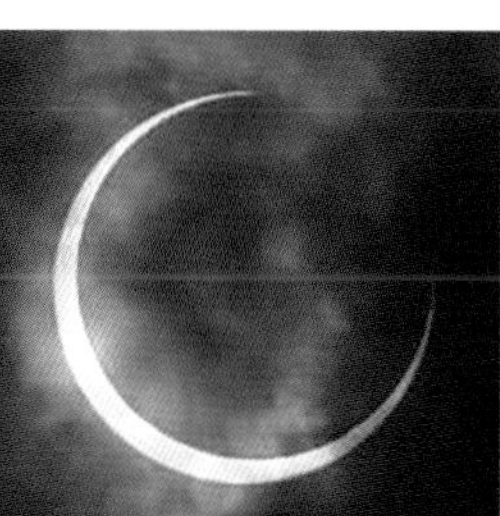
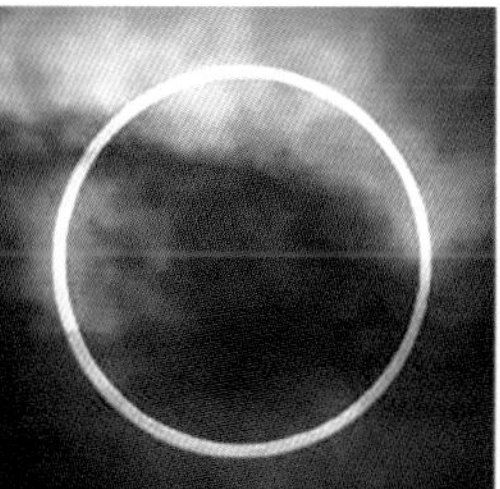

ちょっとだけ
科学の話 9

台風はなぜ　上空から見ると左巻きに風が吹いているのでしょうか?

みなさんは、日本などにやって来る台風が、どこで発生しているのか知っていますか?

台風の赤ちゃんは、赤道付近の北側で発生しているのです。

本当をいうと、生まれたばかりの頃には、まだ台風とは言わないで、熱帯性低気圧といいます。

熱帯性低気圧がだんだんに勢力を増して、風速が秒速約15m以上になって初めて台風というのです。

みなさんは、テレビの映像などで、台風の雲の渦を観たことがありますか?

時には、日本列島をすっぽりと覆ってしまう程の、大きな雲の渦になることがあります。

このような台風の渦ができている時、風の向きはどのようになっているでしょうか?

テレビの映像で、日本列島が出ている場合があるでしょう。風の向きを矢印で示している時もありますね。

台風を上空から見た映像では、台風の風の向きは　左巻きになっているのです。

なぜ、左巻きになるのでしょうか?

それは、台風の赤ちゃんが生まれる場所と関係があるのです。

台風の赤ちゃんは、赤道付近の北側で発生するといいました。

太陽や月や星たちは、なぜ東の空から昇ってくるのでしょうか?

それは、地球が東に向かって自転しているためなのです。

そこで、赤道付近の空気の流れを考えてみることにします。

地球が東に向かって自転することによって、空気の流れはどのようになるでしょうか?

川の水に例えて考えてみるとよいかもしれません。川の水が下流に向かって流れている時に、川の中央部の水は　もちろん下流に向かって流れているのですが、左岸近くの流れと、右岸近くの流れは、どのようになっているでしょうか?

そうです。渦ができているところがあるのに気付いた人もいるでしょう。そして、渦の向きを　じっくり

台風の目

観察したことはありますか？

左岸に近い所にできる渦は、上から見ると、左巻きにできているのです。

右岸に近い所にできる渦は、上から見ると、右巻きにできているのです。

赤道付近の空気の流れを、もう一度考えてみましょう。

地球は、東に向かって自転しています。しかも、赤道付近では、なんと秒速463mほどの速さで回っているのです。

赤道付近の空気の流れは、地球の自転に合わせて東に向かって流れる空気の流れ、北半球側には左巻きの渦を作る空気の流れ、南半球側には右巻きの渦を作る空気の流れができるのです。

実はこれが、熱帯性低気圧の空気の渦なのです。赤道付近の北側にできた熱帯性低気圧の空気の渦。これが台風の赤ちゃんなのです。

熱帯性低気圧が発達して勢力を増し、風速が秒速約15m以上になったものを台風というのです。ですから、台風の渦を上空から見ると、左巻きになっているのです。

では、南半球側にできた、熱帯性低気圧の空気の渦はどうでしょうか？

熱帯性低気圧が発達して勢力を増し、風速が秒速約15m以上になった場合には、どうでしょうか？

この場合も台風と同じ様に、暴風になるわけですが、台風とはよびません。

発生した場所によって、名前が違うのです。

インド洋に発生した場合は、サイクロン。メキシコ湾に発生した場合は、ハリケーンといいます。みなさんも、こういう名前を聞いた事があるかもしれませんね。

南半球の側では、上空から見ると空気の渦の向きは、右巻きになっているのです。

赤道付近では、地球が秒速約463mで自転しているのですが、地球の自転に合わせて上空の空気も、ちょっとずれながら東に向かって回っているのです。これは、地球が空気を引っ張っているからです。引力が関係しているのです。そして、赤道の北側では、左巻きの空気の渦ができて、発達すると台風になるのです。

この時、赤道の南側では、右巻きの空気の渦ができているのです。

台風の渦

外側の方が速いので内側に曲がろうとする力が働く

台風の中心

高緯度＝遅い

低緯度＝速い

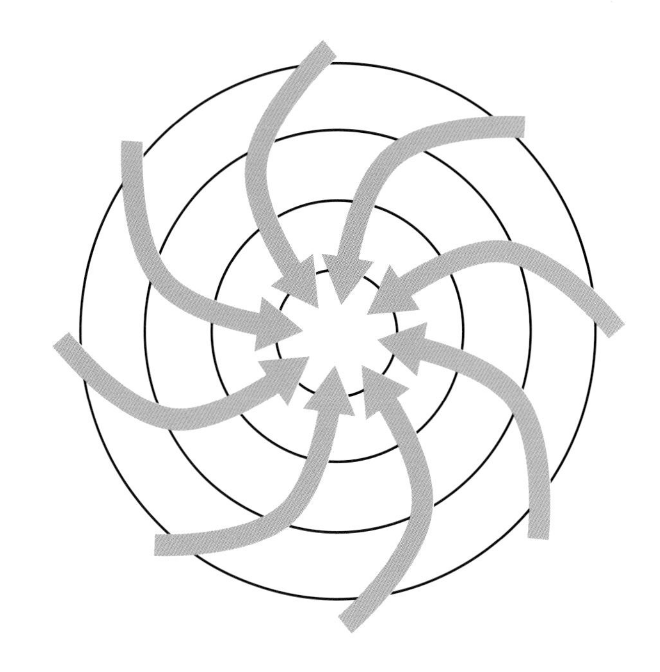

右図のように左巻きに台風の中心に吹き込むように上昇気流が起こる。
※台風の場合だけ中心部に下降気流（台風の中心）

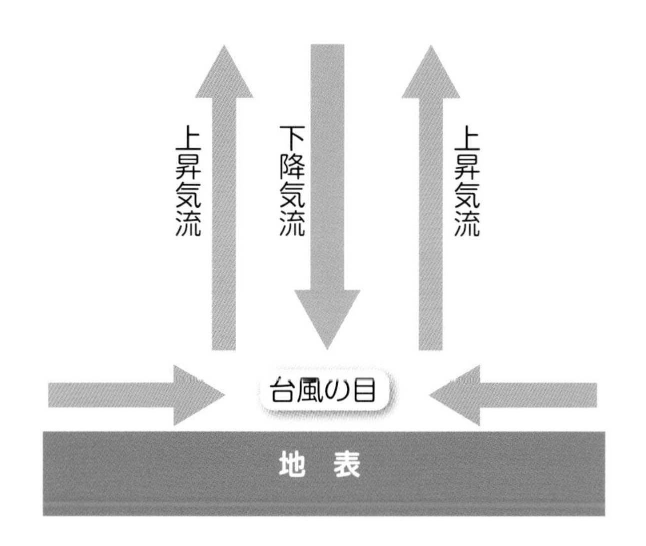

◆左巻きの台風

中心に近いほど気圧が低くなっているため、外縁部から中心へ空気が運動し、風が吹き込む。地球の自転のために曲がる力（コリオリの力）によって、曲がって逃げようとする力が、台風の中心、台風の目に引かれていくので、反時計回りに曲がりながら中心に吹き込みます。

◆コリオリの力

地球は東向きに自転しています。このとき、地球は球体ですから、一周の距離は高緯度地点ほど短く、低緯度地点ほど長くなり、そのため自転速度が低緯度ほど速くなり高緯度ほど遅くなります。この時に見かけの力が働きます。

この力がコリオリの力の正体！

南半球では地球の自転は北半球と同じで東向きに自転していますが、力のかかる方向は逆で、コリオリの力は逆向きに掛かります。

ちょっとだけ科学の話10 三日月と満月 月の満ち欠け

月は、地球上にいる人にいつも同じ顔を見せているのですが、日が経つにつれて違った形にみえます。三日月になったり、半月になったり、満月になったり…。

どうして、こんな風に形が変わって見えるのでしょうか？

ほんとうは、月の形は変わっていません。

月の形が変わって見えるのは、太陽に照らされて月の光っている部分だけが見えているからなのです。

みなさんは、月が地球の周りを回っていることを知っていますか？ そして、月から見れば、地球も、半分だけが太陽に照らされていることを知っていますか？

じつは、月も地球も、太陽の光に照らされて、いつも半分だけが輝いているのです。

太陽は、地球や月からは、とても離れた遠くにあるのです。そして、その太陽の周りを、地球は回っているのです。

地球もそうですが、月は、いつも半分だけが太陽に照らされて光っています。それなのに、なぜ月の形が違って見えるのでしょうか？

それは、月と太陽と地球の位置が変わるからです。

月が地球の周りを回っていることにより、月の形が、つまり太陽に照らされて光っている面が違って見えるのです。

よく考えて想像してみてください。

地球上にいる人から見て、月が太陽と反対がわに来た時には、月の輝いている部分は、どのように見えるでしょうか？

もうわかった人もいるかもしれません。

太陽に照らされて光っている部分が、全部見えるということは、満月になるわけです。

それでは、地球上にいる人から見て、月が太陽と同じ方角に来た時には、月の輝いている部分は、どのように見えるでしょうか？

太陽は、月よりもとても遠くにあることを考えてくださいね。

わかりましたか?

地球上にいる人にとっては、月の輝いている部分は、見えないのです。そして、月が太陽と同じ方角にある時とは、太陽の動きにあわせて月も動いている時、つまり昼間の時間なのです。この時は、月の形は見えないのです。

もちろん、月は空にあるのですが、見えないのです。この時を、新月といいます。

三日月とは、新月から数えて三日目の月という意味です。満月のことを十五夜というのを知っていましたか? 十五夜とは、新月から数えて十五日目の月の夜という意味なのです。

十五夜を過ぎると、月の形は反対がわがだんだんに欠けて見えるようになります。

そしてまた、新月になるのです。

新月から新月まで、ほぼ29日間かかるのです。

これは、月が地球の周りを回るのに、ほぼ29日間かかるためなのです。しかし、これは地球上から見た見かけ上でのことなのですけどね。

※月の公転周期は、約27.3日。新月から新月までは、約29.5日と言われております。

どうして違いがでるのかは、月が地球の周りを約27.3日間で回る間に、地球が太陽の周りを回っているために、太陽と地球と月の位置関係が変わるためなのです。約27.3日間といえば約1ヶ月ですものね。太陽の周りを地球は12分の1程回っているわけですからね。

月が太陽に照らされて光っている部分の見え方が、地球上にいる人には新月から新月まで29.5日間かかるように見えるのです。

ちょっと難しいかもしれませんね。

夕暮れ頃、月の満ち欠けにより、見え始まる方角の目安を示したものです。

◆月の満ち欠けと見える方向（月はどこに出てる？）

季節によって若干差がありますが、月の形によって見える時間帯や見える方向がわかります。まず、その月が満ちていく月か（新月から満月まで）、欠けていく月か（満月から新月まで）を見ます。

●夕暮れ頃に見え始める月と月の入り

夕暮れ頃に見え始める月とは満ちていく月で、観測者から見て左側が満ちていく月のことで、太陽が昇ってから追いかけるように昇ります。

辺りが明るくなってから昇る月なので、基本的には月の出を見ることはできませんが、陽が沈む前後、辺りが薄暗くなってくるに従って、見えるようになってきます。細い三日月は西の空に浮かぶように見え始め、膨らむに従って見え始める方角は南に移動し、丁度上弦の月（半月）になると、日没ごろ南の空に見え始めます。さらに膨らんでいくと見え始める方角は東に移動して行きます。広義の夕月と呼ばれるものです。

これらの膨らんでいく月は、太陽が沈んでから夜明け前の辺りが暗い時間帯に沈む月なので、月の入りを見ることができます。

沈む時間帯は細い月ほど早く満ちていくに従って一日平均で約 50 分ほど遅くなり、満月に近い月は夜明け前ごろとなります。

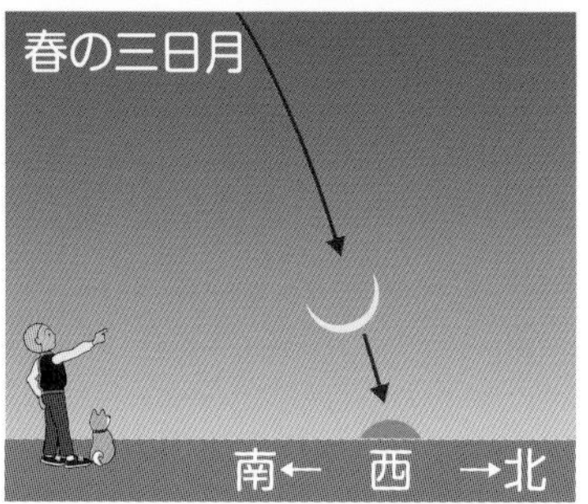

●春の三日月、秋の三日月

季節によって、欠けた月の傾きは違いがあります。

太陽と月、地球の位置関係や軌道の違いによるものです。

月は春と秋で異なる軌道を描いて沈んでいきます。

春の三日月は太陽よりも高い空を通り、地面に対して垂直に近い角度で西に沈んでいくため、月は下側を太陽に照らされて三日月は寝て見えます。

一方、秋の三日月は太陽よりやや低い空を通り地面に対して小さい角度で移動しながら沈んでいきます。そのため月は太陽の光を横から浴び、三日月は立った形になるのです。

●夜明け前に残る月と月の出

夜明け前に残る月とは欠けていく月で、観測者から見て右側が欠けていき、太陽が沈む頃から次の日の出前に昇る月です。

辺りが暗くなってから昇る月なので、月の出を見ることができますが、日の出後辺りが明るくなってから月の入りを迎えるので基本的には月の入りを見ることはできません。

陽が沈む前後、辺りが薄暗くなってくるに従って、出てくる月で満月から新月までがこれにあたります。

満月は日没とほぼ同時に東の空から昇り、その後一日につき約 50 分程度月の出は遅れ、ちょうど下弦の月（半月）は真夜中日が変わる 0 時頃東から昇り、さらに欠けるに従って月の出は遅くなり有明の月とも呼ばれる細い二十七日月（逆三日月とも）は夜明け前太陽に追われるように昇り、夜明けとともに太陽の明るさで消されてしまいます。

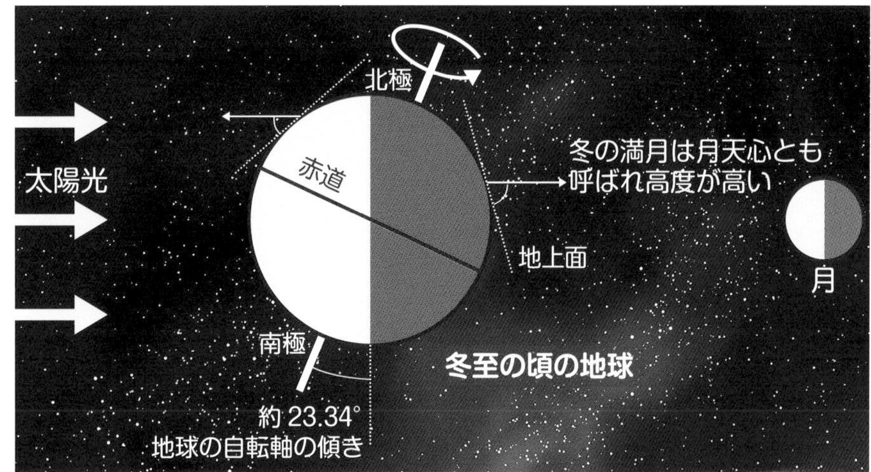

冬至のころの満月の高度

●月天心（つきてんしん）

地球の自転軸は平均で 23.4 度傾いています。そのため冬の満月は月天心とも呼び、高度が大きくなり、ちょうど月が頭上を通るように見えます。逆に夏至の頃の満月は高度が低くなります。

同じ原理で冬の太陽の高度は低くなり、夏、高度が高くなります。

ちょっとだけ科学の話 11

かみなり様の音と光の話

かみなり様の稲妻と音を経験したことがありますか？

稲妻が光ってから、ゴロゴロと、あるいはバシッと音がするまで、少し時間があるのを経験したことがあるかもしれませんね。

そして、稲妻が光るのと音がするのとがほとんど同時で、ものすごい音と光で、こわい経験をしたことがあるかもしれません。

かみなり様は、稲妻が光った時に、同時にすさまじい音を出すのですが、その人がいる場所によって光る時間と音が聞こえる時間はちがってくるのです。それは、なぜでしょうか？

じつは、稲妻の光の速さは、音よりも速いからです。光の速さは、1秒間におよそ30万km進むといわれています。これは地球7周半分です。

音の速さは、空気の温度（気温）にもよりますが、それよりも、ずっと遅いのです。

みなさんの中には、やまびこを経験したことのある人がいるかもしれません。

遠くの方にいくつも山が連なって見える場所から、山に向かって、「ヤッホー」と大きな声でよびかけると、少し時間が経ってから　山の方から、「ヤッホー」「ヤッホー」「ヤッホー」と、だんだんに小さくなる声が返ってくるのです。

最初に聞こえたのが、一番近い山にぶつかった声が返ってきた声で、だんだんに遠くの山にぶつかった声が返ってくるのです。

運動会の100m走などで、ゴールの近くで見ていると、スタートのピストルの煙と音が、ずれて聞こえるのに気が付いた人もいるかもしれません。これも同じことです。

音の速さは、気温にもよるといいましたが、

1秒間に走る速さは、おおよそ

$$331 + 0.6T = ?\ (m)$$

の計算式で、求める事ができます。Tは、その時の気温です。

気温が　15°cの場合には

$$331 + 0.6 \times 15 = 331 + 9 = 340\ (m)$$

となり、1秒間に　約340mの速さで進むのです。

そうしますと、稲妻が光ってから3秒間ほどしてからゴロゴロと聞こえてきた時には、かみなり様は、あなたから　どのくらい離れた場所にいたことになるでしょうか？

その時の気温が　15°cほどであれば、

$$340 \times 3 = 1020\ (m)$$

となり、およそ1020mほど離れた場所にいるのです。約1km離れているのです。

5秒間ほどしてから聞こえてきた時には、

$$340 \times 5 = 1700\ (m)$$

となり、およそ1700mほど離れた場所にいるのです。

そのくらい離れているなら、そんなにこわがることもないかもしれませんね。

ちょっとだけ科学の話12 お月さまと 地球と 太陽

お月さまは、地球の周りを回っています。地球は、太陽の周りを回っています。
太陽の周りを回っている地球の周りを、お月さまが回っているのです。

お月さまは、27日ほどで地球の周りを1回りします。地球は、365日ほどで太陽の周りを1回りします。
お月さまは、27日ほどで 自分でも1回転します。地球は、1日に1回、自分で1回転します。太陽の周りを1回りする間に、地球は、自分でも365回転するのです。

太陽が、見えない力で地球を引っ張っているので、地球は、太陽の周りを回っていても、外には飛び出さないのです。そして地球が、見えない力でお月さまを引っ張っているので、お月さまは、地球の周りを回っていても、外には飛び出さないのです。
この見えない力を、引力といいます。

地球と太陽の大きさをくらべると、太陽の直径は、地球を109個ほど横に並べたほど大きいのです。
太陽は、とても大きいものです。太陽の中に、地球は100万個以上も入ってしまうくらい大きいのです。
ですから、地球が太陽の周りを回っていても、引き付ける引力が強いので、飛び出さないのです。太陽から1億5000万km ほど離れていても、強い引力が働いているのです。

地球は、お月さまに比べると大きいものです。お月さまは、地球の中に46個ほど入ってしまいます。
地球とお月さまを並べてみると、地球の直径はお月さまの 3.7個分ほどの大きさです。それでも、地球の中に46個ほど入ってしまうので、お月さまが地球の周りを回っても、引き付ける力が強いので、飛び出さないのです。
それでも、あまり近くを回ると、月も地球を引き付ける力が強いので、地球はぐらぐらするかもしれません。月は地球からだんだんと離れていき、ちょうどよい距離として、ほぼ38万kmで落ち着いているのです。月は今でも年に3.8cmずつ遠ざかっていますが、ほぼ安定していて、地球から離れすぎることはありません。38万kmより離れると地球の引力では支えられなくなり、遠くへ行ってしまうのかもしれません。

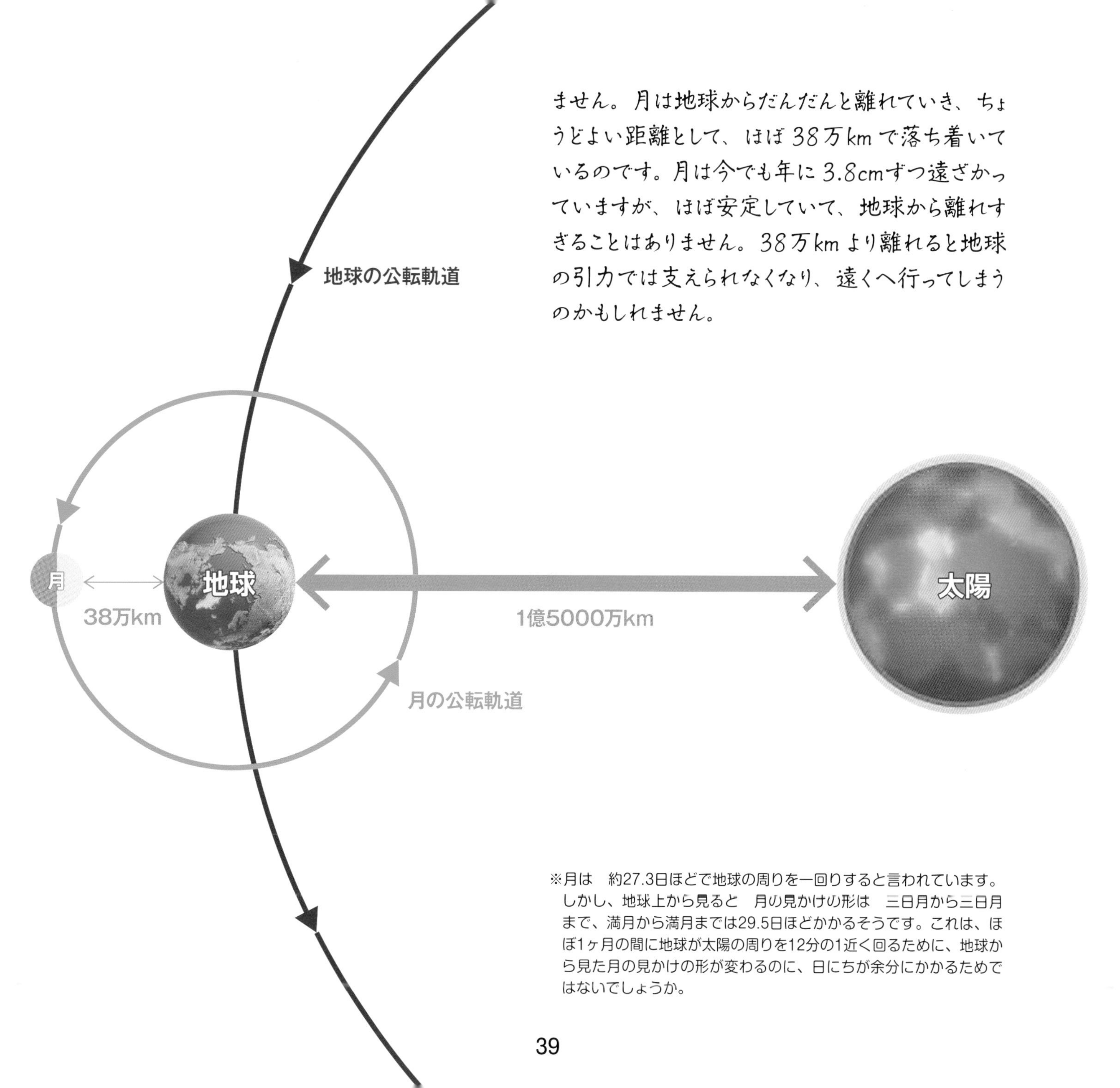

※月は　約27.3日ほどで地球の周りを一回りすると言われています。しかし、地球上から見ると　月の見かけの形は　三日月から三日月まで、満月から満月までは29.5日ほどかかるそうです。これは、ほぼ1ヶ月の間に地球が太陽の周りを12分の1近く回るために、地球から見た月の見かけの形が変わるのに、日にちが余分にかかるためではないでしょうか。

ちょっとだけ科学の話13 無重力空間 と 人の体

みなさんは、宇宙飛行士の人たちが、宇宙船の中で作業をしているところの映像を、見たことがありますか?

宇宙船の中を、浮きながら、泳ぐようにして作業をしていたのに、気付いたことでしょう。

ぽんと足で床をければ、天井に頭がぶつかる。空中に水をこぼせば、水はぶよんぶよんしながら浮いている。そして、だんだん丸くなる。

ボールをポンと押せば、どんどん遠くまで行ってしまいます。

無重力の世界は、不思議な世界です。

さて、宇宙船の中では、みなさんの身体の中を巡っている血液は、いったいどうなるでしょうか?

みなさんの身体を支えている筋肉は、いったいどうなるでしょうか?

血液は、身体の血管の中を巡っていますし、心臓の働きで、つねに力強く全身に送り出されていますから、丸くまとまることはありませんが、でも、できるだけ身体の真ん中に集まろうとするのではないでしょうか。

身体の筋肉は、自分の身体を支えなくてもよくなりますから、きっと衰えてくるでしょう。

宇宙飛行士の人たちが、地球に生還した時の映像を、みなさんは見たことがありますか?

長い間、宇宙空間で生活していた宇宙飛行士の人たちは、地球に生還したばかりの時には、自分の身体を自分の足で支えることができません。宇宙空間で生活している間に、筋肉が衰えてしまったのです。

営業用の宇宙開発がすすみ、民間ロケットで宇宙旅行を体験する時代が、くるかもしれません。お金を用意すれば、宇宙旅行が体験できると考える人がいるかもしれません。しかし、宇宙旅行をするには、宇宙空間での本格的な事前の訓練が必要になることでしょう。

宇宙空間では、血液は、身体の真ん中に集まろうとするでしょう。身体の筋肉は、衰えるでしょう。

その時、あなたは大丈夫ですか?

ちょっとだけ科学の話14 光の速さと太陽や月までの距離

よく聞く話として、光は1秒間に地球を7回り半する、といわれています。

これはたとえの話として、みなさんに分かりやすくするための話です。

光はほぼ真っ直ぐに進みますから、たとえとして正確な話ではありません。

地球の赤道の周りの長さは、約4万kmといわれています。そして、光は1秒間に 約30万km進むといわれています。ですから、

30万km÷4万km=7.5

となり、光は、１秒間に 地球を７回り半するといわれてきたのでしょう。

太陽までの距離は、光の速さで、どのくらいの時間がかかると思いますか？

地球から太陽までの距離は、約1億5000万km あるといわれています。そうすると、

15000万km÷30万km=500（秒）

500÷60=8あまり20　で

地球から太陽までの距離は、光の速さで約8分20秒かかることがわかります。

地球から月までの距離は、どうでしょうか？

地球から月までの距離は、約38万kmだといわれております。

そうしますと、

38万km÷30万km=約1.27（秒）

地球から月までの距離は、光の速さで約1.27秒かかることがわかります。

地球から見ると、太陽と月は同じ位の大きさに見えますが、太陽の方がはるかに遠くにあるのです。

じつは、太陽の周りを地球が回っていて、その距離が約1億5000万kmほど離れているのです。そして、太陽の周りを回っている地球の周りを月が回っているのです。その距離が、約38万km離れているのです。

宇宙は　とても広い空間に　たくさんの星などが拡がっているので、宇宙空間を測る単位として、1光年という単位が使われています。

1光年とは、1年間に進む光の距離をあらわしています。

空を見上げてみると、数多くの光っている星がありますが、じつは、太陽以外の、太陽のように自分で燃えて光っている星の中で、地球に一番近い星は、地球から約4.2光年ほど　離れているのです。

太陽以外の一番近い星まで行くのに、光の速さ秒速30万kmで飛ぶ乗り物に乗ったとしても、片道4年以上もかかるのです。

太陽までは約8分20秒、月までは1秒ちょっとで行けるのですから、宇宙ってとても広い空間なのですね。

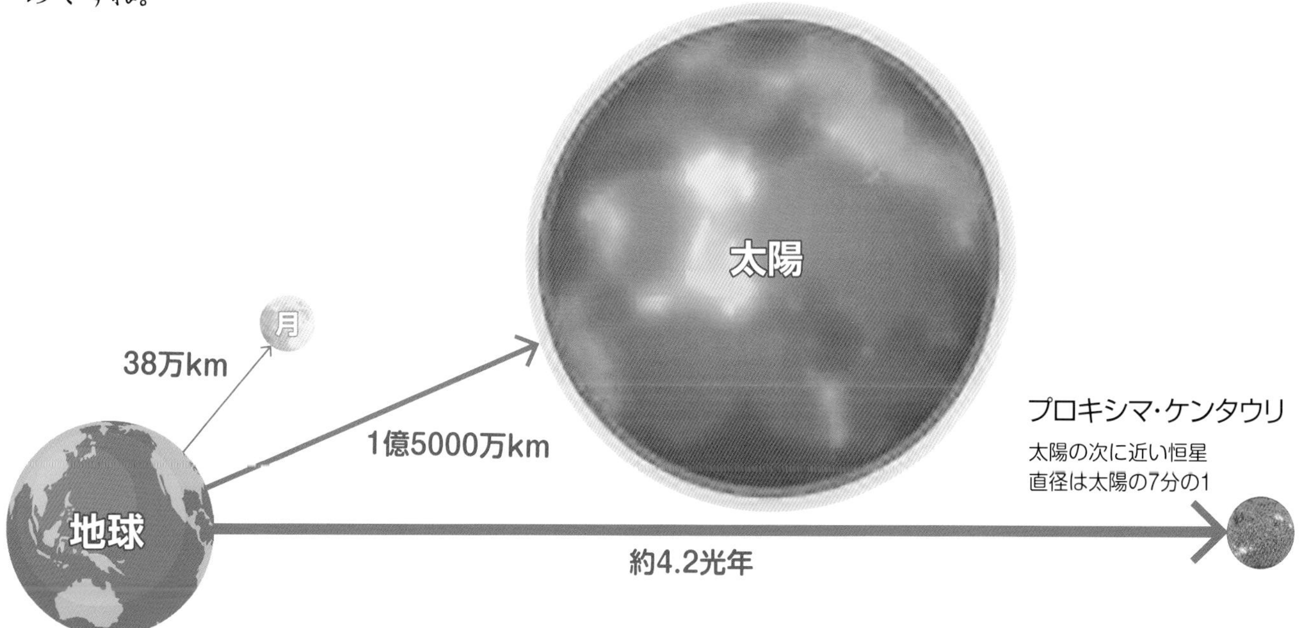

ちょっとだけ科学の話15 芝川 と 通船堀 と 見沼代用水

埼玉県の川口市とさいたま市にまたがって、国指定の通船堀があります。

東側には、見沼代用水の東縁（ひがしべり）用水が流れています。

西側には、見沼代用水の西縁（にしべり）用水が流れています。

東縁用水と西縁用水のちょうど真ん中あたりを、芝川という川が流れています。

東縁用水と西縁用水は、芝川よりも３メートル程　高い所を流れているのです。

東側の川口市の木曽呂(きぞろ)地区と、西側のさいたま市の尾間木(おまぎ)地区が、せまくなった場所に、江戸時代の初めに土手を築いて、大きな沼（見沼ため井）をつくったことがありました。この水を、下流域の田んぼに引くためでした。

のちに、この沼を干して広い田んぼに変えた時に、見沼代用水の東縁用水と西縁用水とを作り、新しく開かれた田んぼに水が注がれるようにしたのです。見沼に代わる用水として、利根川から水を引いたので、見沼代用水と呼ばれたのでした。そして、木曽呂地区と尾間木地区を結ぶ堤（八丁堤）は取り除かれて、東縁用水と芝川と西縁用水とを結ぶ、通船堀を築いたのでした。

東縁用水と西縁用水の取り入れ口から取り入れた水が、田んぼにまんべんなく注がれて、芝川に落ちる仕組みになっていたのです。

３メートルの落差を取り除くために、通船堀には、東縁用水と芝川との間に二ヶ所、西縁用水と芝川との間に二ヶ所、水門を設けました。一ノ関と二の関が、それです。

水を貯めては仕切りの板をはずし、水門を開けて、舟を通したのです。

芝川から東西の見沼代用水へ、見沼代用水から芝川へと、米や炭・塩・魚・肥料などを積んだ舟が、江戸と米どころなどを行き来したのでした。まだ自動車などのない時代、舟は生活に必要な荷物を運ぶのに、重要な役目を果たしていたのです。

さて、芝川の流れをながめていると、不思議なことがあります。

芝川の水の流れは、いつもは下流に向かって流れているのですが、1日に2度ずつ、下流から上流に向かって流れているのです。

なぜだかわかりますか？

みなさんは気付いたと思うのですが、海水の満ち潮と引き潮とが影響しているのです。ここ芝川の通船堀よりもかなり上流にまで、芝川の水が逆流しているのです。

江戸湾（東京湾）から、舟で魚や塩や肥料などを運んでくる時には、1日に2回ある満ち潮の時間を、きっと利用していたのではないでしょうか。そんな時には、一度にたくさんの荷物を運ぶために、何隻かの舟を一緒にして、利用したのかもしれませんね。特に、大潮の時には、潮の満ち干（ひ）が大きいので、江戸とこの近辺とを、たくさんの荷物を積んで行き来するには都合が良く、この時を有効に利用していたのではないでしょうか。

芝川に限らず、日本や世界中でも、海に面した河川などを運河として使っていた場合には、1日に2度ほどずつある満ち潮と引き潮を、利用していたのではないでしょうか。

芝川

ところで、満ち潮と引き潮は、どうして起きるかわかりますか？

それは、次回のことにしましょう。

月と地球と太陽とが関係しているとだけ伝えておきましょう。

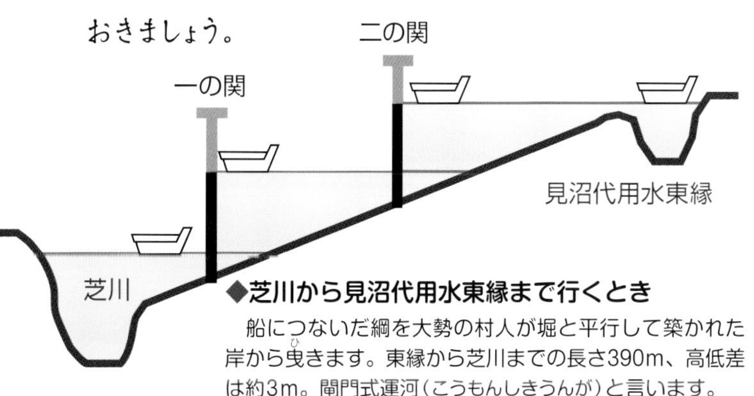

◆芝川から見沼代用水東縁まで行くとき

船につないだ綱を大勢の村人が堀と平行して築かれた岸から曳（ひ）きます。東縁から芝川までの長さ390m、高低差は約3m。閘門式運河（こうもんしきうんが）と言います。

見沼通船堀

ちょっとだけ科学の話16 満ち潮と引き潮

満ち潮と引き潮が、どうして起きるのか知っていますか？

じつは、地球と月と太陽が関係しているのです。

地球上に立っている人、建物・乗り物・植物や動物など、すべての物は、地球の真ん中・中心に向かって、足や土台・タイヤ・根っこなどを向けて立っていたり、建っていたり、走っていたり、生えていたりしています。

地球は、赤道付近では　秒速約463m（時速にしたら約1666km）近くのスピードで回っているのに、そこにあるすべての物は地球の外に向かって飛び出すことはないのです。

地球の上空にある薄い空気の層までもが、自転する地球に引っぱられて、ちょっとだけズレながら回っているのです。

もし、空気の層が地球と一緒に回っていなかったら、赤道付近では、毎日、秒速約463m近くの暴風が吹き荒れていることでしょう。

地球には、地上にある全ての物を空気までをも、引き付ける力がはたらいているのです。

イギリスの物理学者・天文学者のニュートンが、木に実っているリンゴが下に落ちるのはなぜだろうと考えて、地球には、物を引き付ける力があることを発見したという話を、聞いたことがありますか？

地球だけでなく、宇宙にある全ての天体には、物を引き付ける力があるのです。

この力を、引力といいます。

太陽の周りを地球が回っていて、その地球の周りを月が回っています。

この太陽と地球、そして、地球と月はひもの様な物でつながっているわけではありません。でも、いつまでも、離れることなくまわり続けているのです。

海岸で遊んだりしていると、海水が浜辺に満ちてきたり、逆に潮が引いて遠浅の海岸になったりするのを、経験したことがありますか？

潮が満ちて来た時を満ち潮、潮が引いて遠浅の海岸になった時を引き潮といいます。

なぜ、こんな事が起きるのでしょうか？

じつは、満ち潮・引き潮は、地球と月と太陽とが関係しているのです。

もっとわかりやすく言えば、地球と月と太陽の引力が関係しているのです。

太陽の周りを地球が回っていて、その地球の周りを月が回っていることはさきほど述べました。

地球を真ん中にはさんで、太陽と反対がわに月が来た時には、地球は月と太陽の両側からの引力によって、引っ張られるのです。この時地球は、形までは変形しませんが、地球上の海水が両側から引っ張られることになるのです。

この時には、満ち潮・引き潮の潮の満ち引きが大きくなります。ですから、地球上のある場所は満潮になり、別の場所では干潮になるわけですが、満ち引きが大きくなるのです。この時を大潮といいます。

地球をはさんで太陽の反対がわに月が来た時には、月の形はどんな形をしていましたか？　そうです、満月です。満月の時に、大潮になるのです。

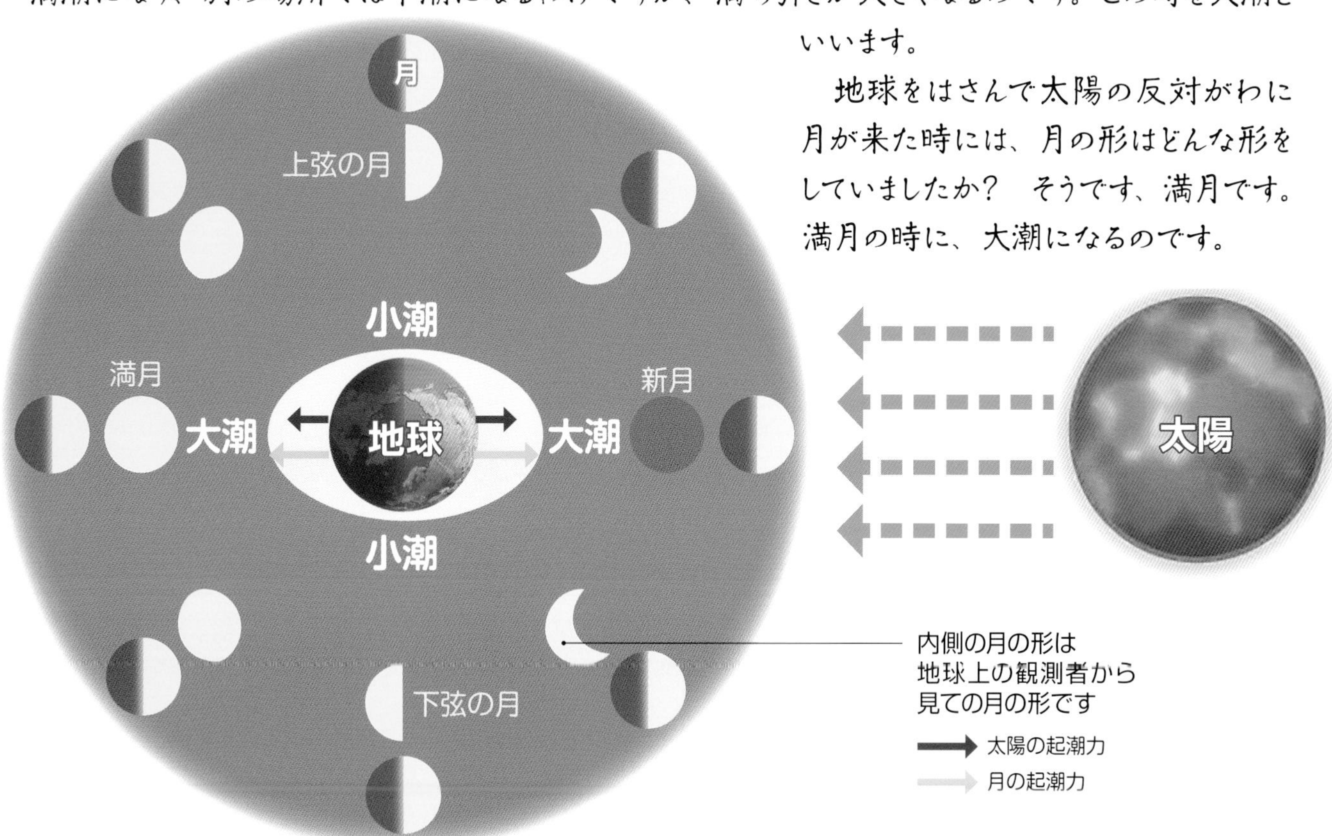

地球から見て、月と太陽が同じ側に来た時には、どうでしょうか？
じつは、この時にも大潮になるのです。
なぜだかわかりますか？
月と太陽が、同じ方角から力を合わせて、地球上の海水を引っ張るからなのです。
地球と月と太陽が並んだ時、月の形はどんな形にみえますか？
地球上から見て、月と太陽が同じ側に一直線になった時には、月の照らされて光っている部分は太陽の側を向いているのです。
しかも、太陽が出ている昼間のことですし、この時には、月は出ていても見えないのです。この時の月は、新月ですね。
じつは、新月の時にも、潮の満ち干は大きくなるのです。新月の時にも、大潮になるのです。

では、左側が欠けた半月の場合は、潮の満ち干はどうなるでしょうか？
じつは、この時には、月の照らされて光っている部分を、地球上から見ると、真横から観ているのです。ですから、地球上の海水は、太陽の側と月の側とが直角になるように引っ張られることになるのです。
この時には、月の側に引っ張られる海水と、太陽の側に引っ張られる海水とがあるので、潮の満ち干は小さくなるのです。
月の右側が欠けた半月の場合も、同じことがいえます。
左側が欠けた半月のことを、上弦の月といいます。
右側が欠けた半月のことを、下弦の月といいます。
月が西の空に沈む時に、月の形を弓に例えると、弦になる部分が上になるので上弦の月、沈む時に、弓の弦になる部分が下になるので、下弦の月というのです。
上弦の月や下弦の月の場合には、潮の満ち干は小さくなるのです。

月は、地球から約38万km、太陽は約1億5000万kmも離れているのですが、地球上の海水を大きな力で引っ張っているのです。

ちょっとだけ科学の話17

宇宙空間を飛ぶ衛星のエネルギー

宇宙空間では、動いている物体は、わずかなエネルギーがあれば動き続けることができます。

太陽エネルギーを電気に変える装置を使って、衛星が飛び続けることもできるわけです。

しかし、衛星が天体の影の部分に隠れてしまうと、太陽エネルギーを電気に変える装置が機能しなくなってしまいます。

そこで、人工衛星を長期間にわたって飛ばし続ける場合に、その衛星を惑星や天体の近くを通過させることによって加速し、運動エネルギーを補充する方法があります。これを、スイングバイといいます。

衛星が天体の近くを通過すると、どのようにして運動エネルギーを補充することができるのでしょうか？

私は、専門家ではないので正しくはわかりませんが、ケプラーの法則の応用ではないかと考えます。

太陽系の惑星は、太陽を中心に回っています。水星・金星・地球・火星・木星・土星・天王星・海王星です。そして、そのほかに小惑星やハレー彗星(すいせい)などもあります。

ただ、どの惑星も、円軌道ではなく楕円軌道で回っているのです。

楕円には、焦点が２つあります。

太陽は、その焦点の1つなのです。

どの惑星も、楕円軌道で回っているわけですから、太陽に近い所を回る時と　太陽から離れた場所を回る時とがあります。

この時、太陽の近くを回る時と、太陽から離れた場所を回る時では、惑星の回るスピードが違うのです。

どちらの場合が、スピードが速いと思いますか？

右の図を見て、ケプラーの法則を、思い出してください。

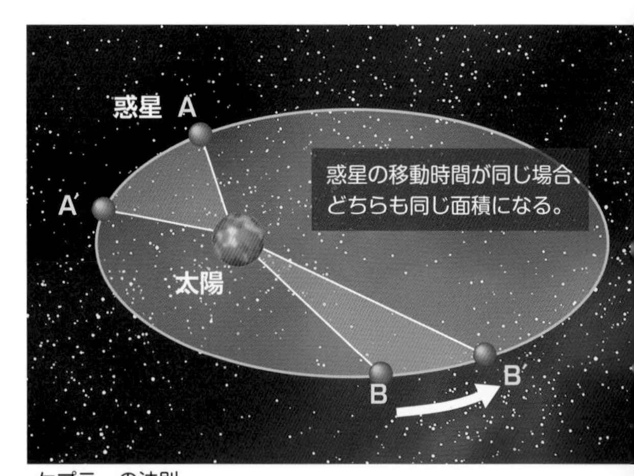

ケプラーの法則

惑星が太陽の近くを回る場合に、楕円軌道上をAからA'に動いたとします。そして、太陽から離れた場所を同じ時間をかけて回る場合に、BからB'に動いたとします。この時、ケプラーの法則では、AとA'とでつくる扇状の面積と、BとB'とでつくる扇状の面積は等しいというのです。これを面積速度一定の法則といいます。

ということは、太陽の近くを回る場合の方が、太陽から離れている場合よりも、惑星の動くスピードは速いということです。

このケプラーの法則を利用したのが、人工衛星にエネルギーを補充するスイングバイなのです。

衛星を長く飛ばし続けるために、天体の近くを通過させることによって、スピードを加速させて弾みをつけるのです。宇宙空間にある全ての天体は、運動を続けています。今までもそうであったし、これからも運動し続けるでしょう。

これらの天体のどれ一つをとっても、エンジンを付けている天体はありません。宇宙空間をただ飛び続けるだけであれば、特別なエネルギー源は、必要ないのかもしれません。

でも、人工衛星の場合には、推進力を付けなければ地球を回る周回軌道に乗せることができません。目的とする天体に向けて進路を変えたり、観測したり、やがてはまた、地球に帰還しなければなりません。エネルギー源として、燃料や蓄電池・太陽光発電機などを搭載するだけでなく、スイングバイによるエネルギー供給をしないわけにはいかないのです。

◆スイングバイの原理

「スイングバイ」というのは、天体の重力を利用して、人工衛星の軌道を変更する技術です。燃料を消費せずに探査機を加速／減速することができるので、少ない燃料でより遠くまで行くことが可能になります。

スイングバイでは、天体の近くをかすめるように飛行して、軌道を曲げると同時に加減速を行います。はやぶさ２の地球スイングバイの場合、軌道は約80度曲がり、速度は30.3km/sから31.9km/sへと、1.6km/s加速します。これだけの加速をイオンエンジンでやろうとすれば、全力でも１年かかってしまう、それほどの加速をこの一瞬でやってしまうわけです。

◆加速スイングバイ

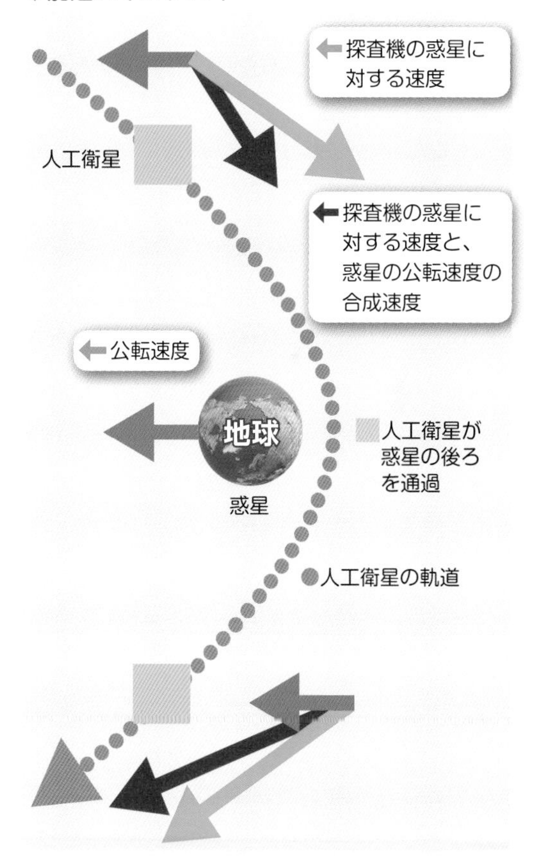

ちょっとだけ科学の話18

地球の自転や公転 月が地球の周りを回る速さ

地球が１秒間に回る速さは、赤道付近で考えてみると、どのくらいの速さでしょうか？

地球の赤道の１周の長さが　約４万kmですから、一日が約24時間とすると、

1時間では　40000÷24=1666（km）

1分間では　1666÷60=27.767（km）

1秒間では　27.767÷60=0.463（km）

地球は、赤道付近では1秒間に0.463km、つまり秒速463mほどの速さで、自転しているのです。

それでは、地球の公転速度は、どの位でしょうか？

太陽から地球までの距離は、約1億5000万kmだといわれております。

地球は、太陽の周りを楕円軌道で回っているのですが、おおざっぱに円軌道で回っていると考えると、

1億5000万km×2=3億km（円の直径）

3億km×3.14=9億4200万km（円周の長さ）

つまり、365日で9億4200万kmの距離を地球は回っているのです。

すると、地球の公転速度は

9億4200万km÷365日=約258万km（1日当たり）

2,580,000km÷24時間=約107,500km（1時間当たり）

107,500km÷60分=約1,791.67km（1分当たり）

1,791.67km÷60秒=約29.861km（1秒当たり）

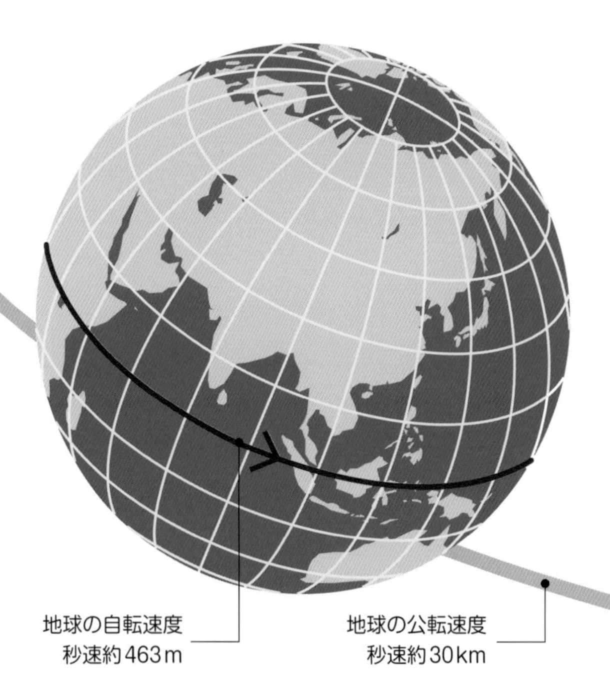

つまり、地球の公転速度は、秒速約30kmになるわけです。
地球は、太陽の周りを、秒速約 30km で回っているのです。

月は、地球の周りを　約27.3日間でまわっています。

地球から月までの距離は、約38万kmですから、月が地球の周りを回る距離は、本当は楕円軌道で回っているのですが、円軌道で回っているとすると、

38万km×2=76万km (円の直径)

76万km×3.14=238万6400km (円周の長さ)

238万6400km÷27.3日=約8万7414km (1日当たり)

87414km÷24時間=約3642.25km (1時間当たり)

3642.25km÷60分=約60.7km (1分当たり)

60.7km÷60秒=約1.012km (1秒当たり)

つまり、月は　地球の周りを、秒速約1km強の速さで回っているのです。

※月の公転周期は 27.3 日間だと言われています。月の見かけの形である新月から新月までは、29.5 日間かかるそうです。

地球は、赤道付近では秒速約463m の速さで自転しながら、太陽の周りを秒速約30kmで公転しているのです。そして、その地球の周りを、月は秒速約1km 強の速さで回っているのです。※

月の見かけの形は、地球上にいる人から見た月の形です。

太陽に照らされて光っている月の部分の見え方が、地球が太陽の周りを回っていることにより、地球と月と太陽の位置関係が変わるため、新月から新月まで、29.5日間かかるように見えるのでしょう。月が地球の周りを1周する月の公転周期約 27.3日間といえば、約1ヶ月ですものね。

約1ヶ月の間には、地球も太陽の周りを約12分の1周ほど回っているわけです。そのために、月の公転周期は約 27.3日間なのに、月の見かけの形の変化である三日月から三日月まで、満月から満月までは、約 29.5日間かかるのです。

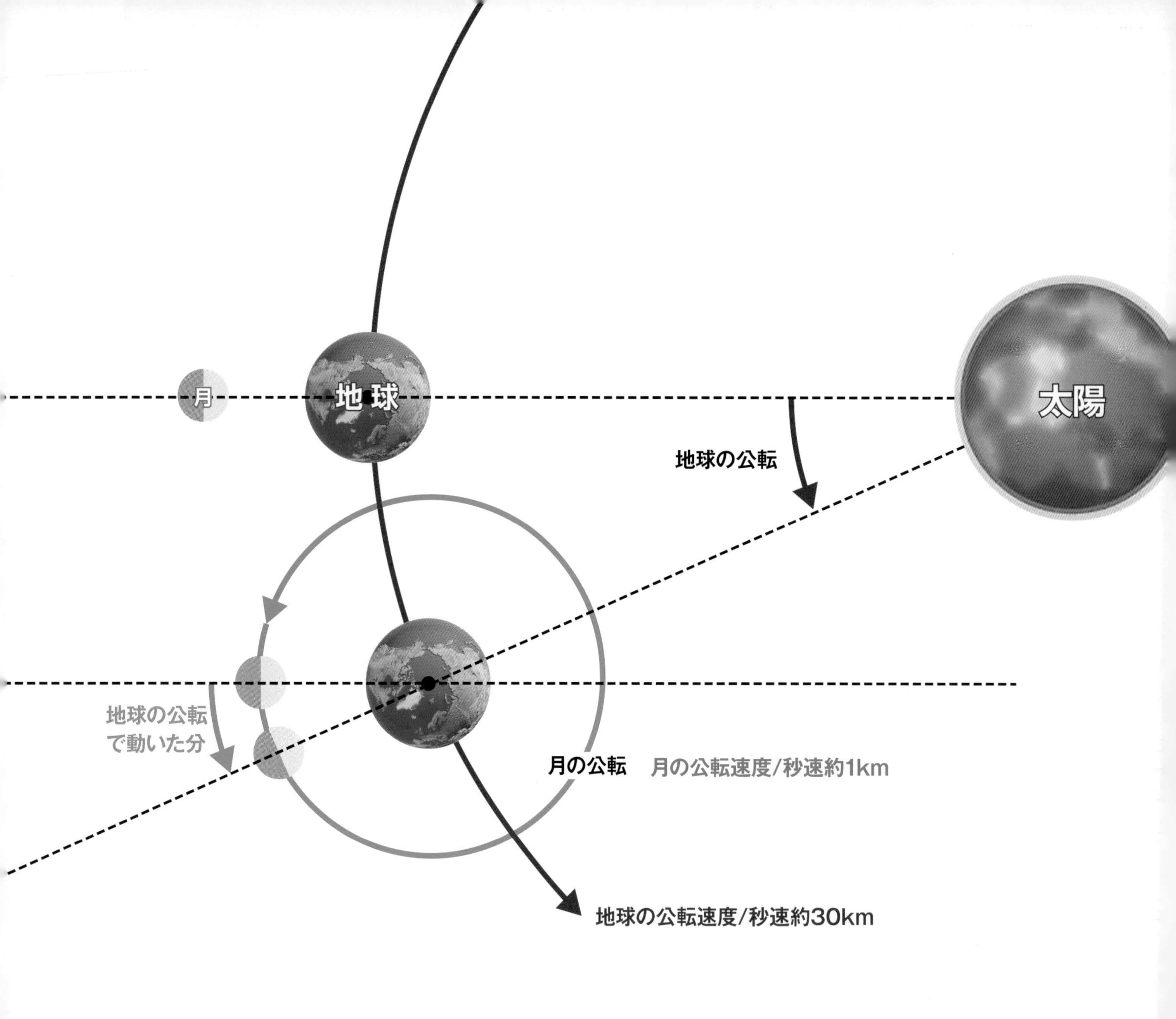
月
地球
太陽
地球の公転
地球の公転
で動いた分
月の公転
月の公転速度/秒速約1km
地球の公転速度/秒速約30km

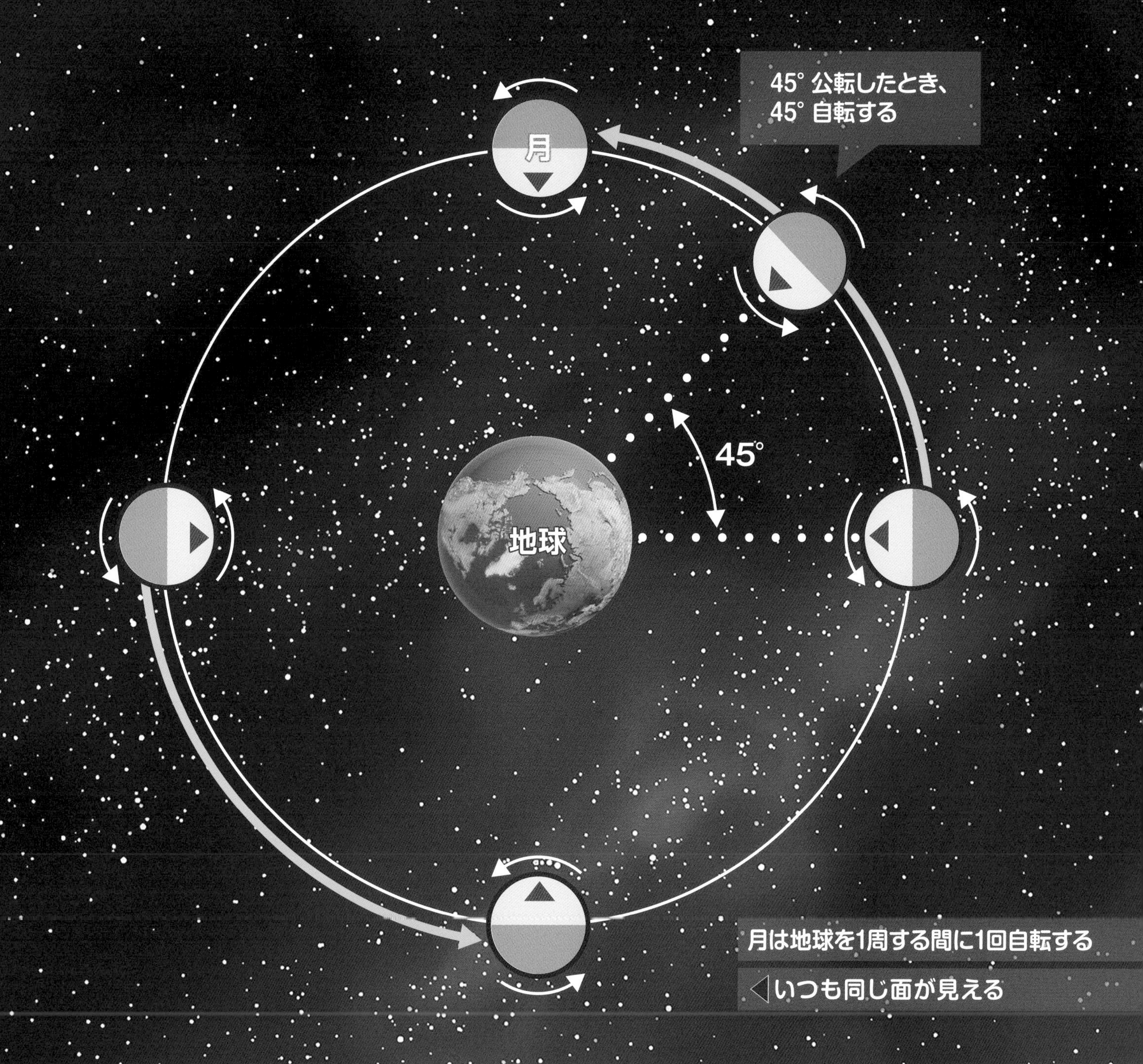
45° 公転したとき、
45° 自転する
月
45°
地球
月は地球を1周する間に1回自転する
◁いつも同じ面が見える

ちょっとだけ科学の話 19

地球と月 そして 宇宙飛行士ガガーリンと アームストロング船長

地球の大きさは、赤道半径が約6378km、赤道の円周の長さは約４万 km です。

小さな星だといわれている地球も、想像すると、かなり大きな星でもあります。

そして、1961 年、この地球の周りの宇宙空間を人類で初めて飛んだ人が、旧ソビエト連邦の宇宙飛行士ガガーリンでした。ガガーリンは、宇宙船ボストーク１号に乗って、約１時間 48 分ほど、地球周回軌道上の宇宙空間を飛んだのでした。

「地球は　青かった」は、ガガーリンのこの時の有名な言葉です。

1969 年に、アメリカ合衆国の宇宙飛行士であるアームストロング船長などが、アポロ 11 号に乗り、人類史上初めて月面に降り立ち、月面歩行したといわれています。

地球から月までの直線距離は、約38万km です。

アームストロング船長などの宇宙飛行士たちは、宇宙船アポロ 11 号に乗って　地球の周回軌道から月に向かい、月の周回軌道から月面に降り立ち、月面歩行などをし、月の周回軌道を飛んでいる宇宙船にもどり、月の周回軌道から地球へと向かったのでした。そして、地球の周回軌道に入り、宇宙船から切り離されて太平洋に着水したのでした。フロリダ半島にあるケネディ宇宙センター基地から打ち上げられたアポロ 11 号の船員たちは、８日間ちょっとの長旅を終えて、無事に着水したのでした。

ガガーリンが飛んだのは、宇宙船ボストーク。宇宙空間といっても、地球の上空約100～400km の宇宙空間。地球の赤道半径を約6300kmとすると、赤道半径の63分の1～4の宇宙空間だったのです。入道雲の先端が地上約10kmほどの高さですから、地球の表面をなめるように飛んだのでした。

地球から月までの直線距離は、約38万km。地球の直径の約30倍ほどの距離があります。

実際には、直線距離ではないので、アームストロング船長はもっと長い距離を飛んだのでした。

アームストロング船長が月へと向かうには、ガガーリンの場合と違って、質的にまったく違う難しい問題がありました。それは、地球上を飛ぶのと、月まで行くのとでは、雲泥のちがいがあるからです。

まず、命の危険度が、まったく違うことです。

地球は青かった

ボストーク１号の軌道

宇宙飛行士ガガーリン

ボストーク１号

地球外の天体である月まで飛んで行き、月の周回軌道に入り、宇宙船から切り離して月面に降り立ち、月面歩行。そして、月の周回軌道にある宇宙船に戻ってドッキングし、月の周回軌道をはなれ地球に向かい、地球の周回軌道に入ってからカプセルを切り離し、太平洋に着水する。

じつは、簡単なことではないのです。

べつのところでお話ししますが、

① 地球は　赤道付近では
秒速約 463m で自転している。

② 地球は　太陽の周りを
秒速約30kmで公転している。

③ 月は　地球の周りを　27.3日程かけて
秒速約1kmで回っている。

つまり、地球は、秒速約463m の速さで自転しながら、秒速約30kmの速さで太陽の周りを公転しています。その地球の周りを、月は秒速約1kmの速さで回っているのです。

さらに、月の重力は地球の約6分の1程度ですが、この月の重力がばかにならないのです。

初めて降り立った月には、打ち上げる基地はないのですから。降下船を月の周回軌道にある宇宙船にまで、どのように移動させてドッキングさせるのか？　当時、月の周回軌道上の宇宙空間でドッキングさせる技術があったのでしょうか？

ちょっとの誤差が、命に関わる挑戦です。

1969年当時の宇宙開発の技術で、人類最初の月面着陸・月面歩行、そして、地球への無事帰還を成功させることができたでしょうか？

NASA のケネディ宇宙センターから、アポロ11号を月に向かって打ち上げる時に、アームストロング船長たちは、自分が生きて戻れると確信できたでしょうか？

私は、50年後の現在でも、月面着陸・月面歩行の課題は、人類には未だ達成するのが難しい課題ではないかと思っております。

上・アポロ11号の軌道
（地球→月面着陸　月面→地球帰還）

左・アームストロング船長

右・月着陸船操縦士 エドウィン・オルドリン

ちょっとだけ科学の話20

高気圧と低気圧そして天気

みなさんは、日本列島が高気圧に覆われると天気が良くなり、低気圧がやって来ると天気が不安定になるのは、経験で知っていると思います。

なぜ、気圧によって、天気が良くなったり悪くなったりするのでしょうか?

高気圧と低気圧の仕組みを、考えてみることにしましょう。

地球上には、地上から約1万m上空まで空気の層があります。この空気のある層を対流圏といいます。この対流圏では、ダイナミックな空気の流れが繰り返し起きているのです。

地球上には、海があり大陸があり、森林や田畑、湖などもあります。大都会もあり、村や町もあります。

空気の流れは、なぜ起きるのでしょうか?

みなさんは、家でマキなどで沸かしたお風呂に入ったことがありますか?　年配の人なら経験があると思いますが、お風呂に入ってみたら、お湯が上の方だけ熱くて、下の方が冷たかったという経験。

お風呂の水をわかすと、温まったお湯が上の方に、冷たい水が下の方に移動するのです。

温まったお湯は、なぜお風呂の上の方に移動するのでしょうか?

それは、温まったお湯は、周りの冷たい水よりも軽くなるからなのです。

地球上の空気の場合も、お風呂の水の温まり方と似ているのです。

季節によって違うのですが、日本の夏の場合には、アジア大陸の陸地が、太陽の熱によって温められて、地面の上の空気は温かくなり軽くなるので、上昇気流が起きます。それに対して、太平洋側の海水は、温まりにくいので、海水上の空気は相対的に重くなります。

すると、太平洋側の空気が重いので高気圧、アジア大陸側の空気が軽いので低気圧になるのです。風は、高気圧から低気圧に向かって吹くので、日本では、夏には太平洋側からアジア大陸側に向かって、水蒸気をたくさん含んだ温かい南東の風が吹く場合が多いのです。

冬になると、アジア大陸側の陸地が冷えるので、陸地の上の空気は重くなり　高気圧となるの

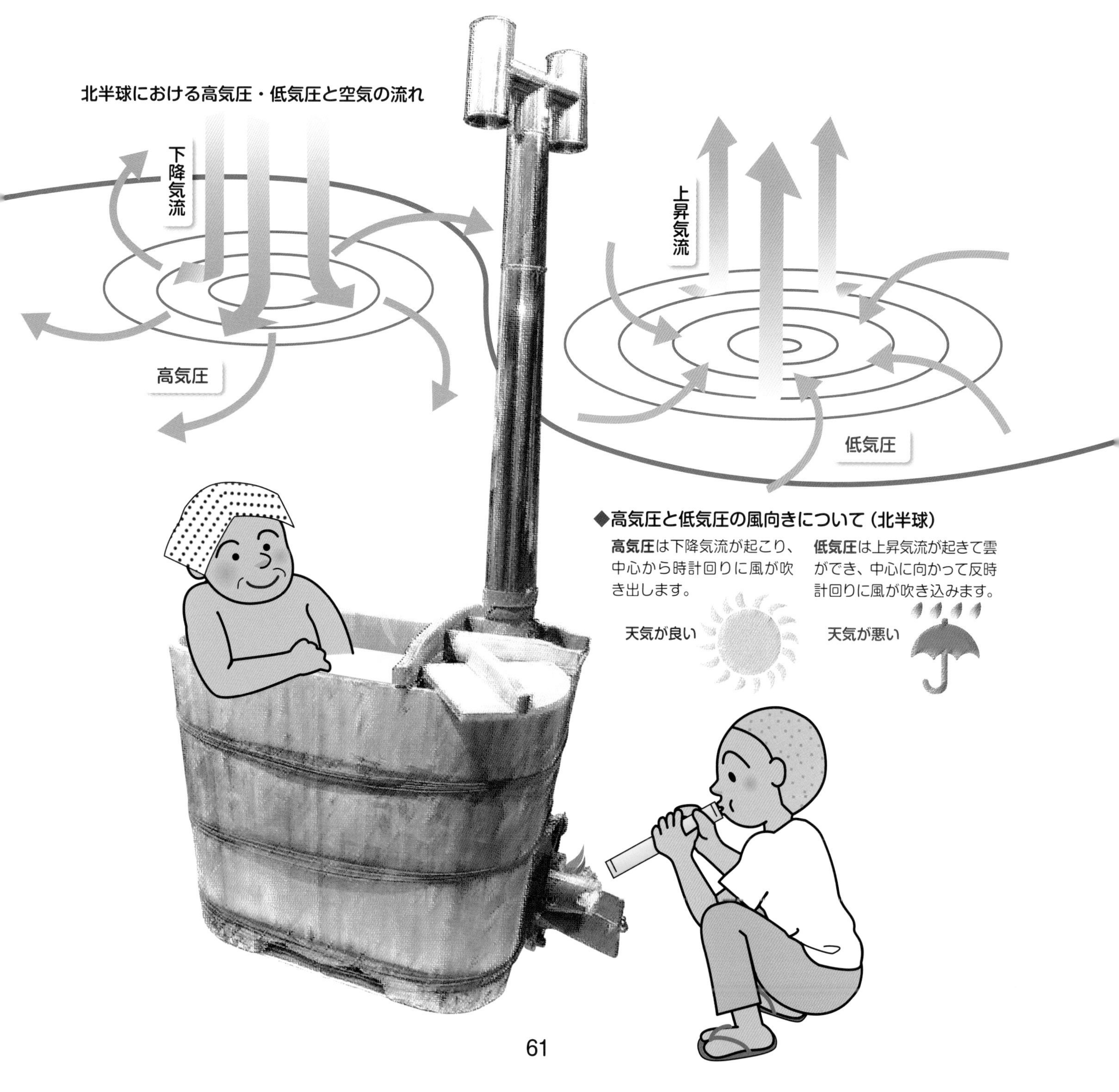
北半球における高気圧・低気圧と空気の流れ
下降気流
高気圧
上昇気流
低気圧
◆高気圧と低気圧の風向きについて（北半球）
高気圧は下降気流が起こり、中心から時計回りに風が吹き出します。
低気圧は上昇気流が起きて雲ができ、中心に向かって反時計回りに風が吹き込みます。
天気が良い
天気が悪い

です。反対に、太平洋側の海水はなかなか冷えずに、相対的に温かいので、海水上の空気は軽くなって低気圧になるのです。
冬には、西高東低の気圧配置になり、アジア大陸側から太平洋側に向かって、冷たい風が吹く場合が多いのです。

家の中でも、日当たりの良い部屋と日影の部屋とでは、空気の温まり方が違うので、空気の移動を感じることがあります。
空気の移動は、もうおわかりでしょう。
日影の部屋の方が空気が重くなるので高気圧、日当たりの良い部屋の方が、空気が軽くなるので低気圧。日影になった部屋から日当たりの良い部屋の方へ、空気は流れるのです。
この時、お風呂の水が温められる時と同じように、空気の流れ、対流が起きているのです。
日本の近くでも、アジア大陸側から太平洋側にかけて、地上から約１万ｍほどの高さの空気の層である対流圏で、大きな空気の流れができているのです。
夏の場合には、太平洋側からアジア大陸側に向かって地上を這うように風が吹きます。アジア大陸の陸地で温められて軽くなった空気は上昇し、上空でアジア大陸側から太平洋側に向かって空気の流れができます。そして、太平洋上で下降気流となり海水で冷やされた空気は高気圧となり、またアジア大陸側に向かって南東の風が吹くのです。
アジア大陸と太平洋の場合だけでなく、世界中の大陸と海洋の間で、同じような現象が起きているのです。

では、なぜ、高気圧に覆われると天気が良くなり、低気圧がやってくると天気が悪くなるのでしょうか？
日本付近では、移動性高気圧や移動性低気圧がよくやってきます。
高気圧に覆われた付近では、上空から下降気流が降りてきて、地上付近で地上を這うように外に向かって風が吹き出していると考えると、わかりやすいかもしれません。
低気圧のある付近では、地上から上空に向かって上昇気流が起きていると考えると、わかりやすいと思います。

天気が悪くなるのは、上昇気流が起きている時なのです。つまり、低気圧の場合なのです。

地上付近で、たくさんの水蒸気を含んだ空気が上昇気流によって上空に押し上げられると、急に冷やされるために水蒸気(気体)の状態が維持できなくなり、たくさんの水滴(液体)に変わります。つまり、雲に変わるわけです。

夏などの場合には、入道雲が発達するわけです。急な夕立が来たりするのは、このためなのです。気温が高いと、空気に含まれる水蒸気量が多くなるので、上空で冷やされて雲が発生するのです。

冬に、暖房された部屋の窓ガラスにたくさんの水滴がつくのも、ガラスが外の冷たい空気に冷やされて、その付近の室内の空気が飽和水蒸気量になり、水蒸気(気体)が水滴(液体)に変わったものですね。

上空で、同じ現象が起きているのです。

高気圧の場合には、下降気流が起きているわけですから、空気中の水蒸気が飽和水蒸気量に達することはないので、雲が発生することはなく天気は安定するのです。

台風の目といわれる部分に入った地域は、晴れているといわれます。渦を巻いて雲が大きく拡がっている場所は、上昇気流になっていますから激しい風と雨になっています。

では、台風の目といわれる部分に入ると、なぜ晴れるのでしょうか?

もうわかったかもしれません。台風の目の部分は、下降気流になっているのです。

周りは半径何百kmという上昇気流の渦ですが、中心付近は下降気流になっているのです。ですから、台風の目に入っている時には、天気は晴れているのです。

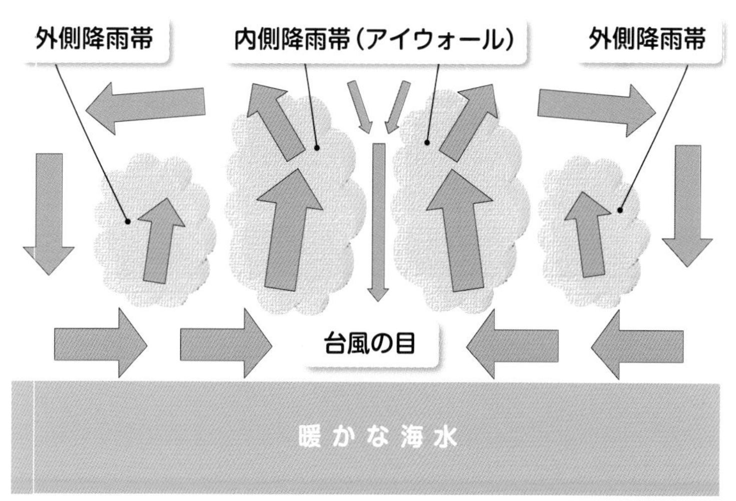

ちょっとだけ科学の話21

ボスニア湾は土地を生む土地の隆起とモホロビチッチの不連続面との関連性は？

北ヨーロッパにあるスカンジナビア半島。そして、バルト海北部のスウェーデンとフィンランドに挟まれたボスニア湾。

この一帯が、1年に1cmほども隆起しているのです。なぜ隆起するのでしょうか？

かつて、スカンジナビア半島一帯は、南極の氷床のように厚い氷に覆われていました。

オーレスン〈ノルウエー〉の風景（フィヨルドにできた街並み）

ノルウェーなどにたくさん残っているフィヨルドは、かつての氷河が渓谷を深く削ったU字谷に、海水が入り込んでできた地形だといわれています。

約1万年ほど前の氷河期には、スカンジナビア半島全体が南極のように厚い氷床に覆われていました。氷床の重みで沈み込んでいたボスニア湾の海底だった場所が、厚い氷床が溶けることにより氷床の重さ分だけ軽くなり、土地が隆起したのだといわれています。約1万年ほど前の氷河期から300mほども隆起した所もあるそうです。これはアイソスタシー（地殻均衡）運動といわれています。

旧ユーゴスラビアの地震学者であるモホロビチッチが、地震波の伝わり方を調べていた時に、地震波の伝わり方の違いから、地殻とマントルの存在、そして地殻とマントルの境界線を発見したのです（1909年）。

地震波の伝わり方が変化することにより、地殻とマントルの存在、そして、地殻とマントルとの境界線であるモホロビチッチの不連続面を発見したのでした。

調べてみると、この不連続面は、陸地部で深度が深く、海洋部で浅くなっていることもわかりました。

スカンジナビア半島一帯の陸地の隆起は、このモホロビチッチの不連続面も関係しているのではないでしょうか？

このモホロビチッチの不連続面での陸地部や海洋部での圧力が、一定であるという前提が必要になってきます。

スカンジナビア半島一帯を氷床が覆っていた時代を過ぎ、氷床が溶けて流れてしまった現在は、地殻の重さによる圧力が氷床の重さの分だけ軽くなりました。ボスニア湾を中心にスカンジナビア半島一帯部が隆起する現象は、もとの状態に戻ろうとするリバウンド現象ともいわれますが、モホロビチッチの不連続面との関連性があるのではないでしょうか。

地殻とマントルとの境界線であるモホロビチッチの不連続面。アイソスタシー（地殻均衡）運動として、モホロビチッチの不連続面で一定の圧力を保っているのは、マントル対流による地殻下部への圧力との関連性があるのではないでしょうか。マントル対流による圧力によって、モホロビチッチの不連続面では一定の圧力が保たれているのではないでしょうか？

ボスニア湾を中心にスカンジナビア半島付近一帯が、今でも隆起し続けているのは、氷床が溶けたことにより氷床の重さだけ軽くなり、氷床の重さで沈み込んでいた地殻がもとにもどろうとして隆起する現象なのです。

この時に、モホロビチッチの不連続面では、一定の圧力が保たれているのではないでしょうか。そして、マントル対流による地殻への圧力が、モホロビチッチの不連続面での一定の圧力を支えているのではないでしょうか。

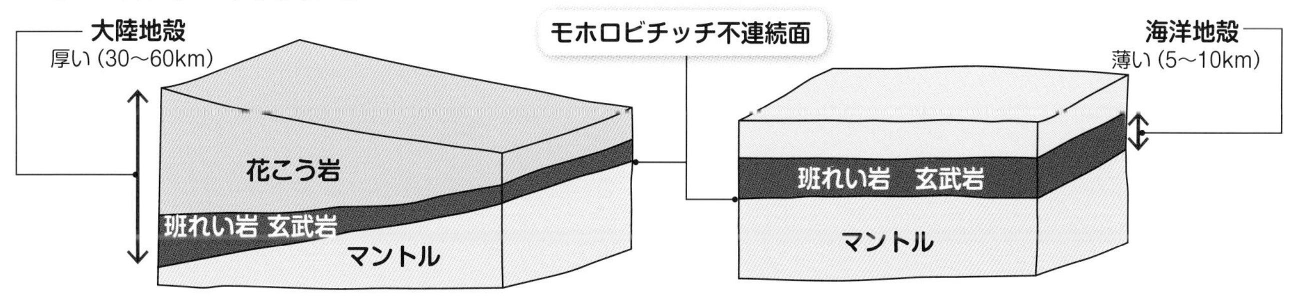

ちょっとだけ科学の話22 小惑星イトカワとリュウグウ

リュウグウ

相模原市にあるJAXA（宇宙航空研究開発機構）

小惑星探査機　はやぶさ		小惑星探査機　はやぶさ2	
小惑星　イトカワ	直径　約540m	小惑星　リュウグウ	直径　約900m
2003年　5月	はやぶさ　打ち上げ	2014年12月　3日	はやぶさ2　打ち上げ
2005年　9～11月	観測	2019年　2月22日	岩石採取等
11月20日と26日	岩石採取等	〃　　7月11日	岩石採取等
2010年　6月	地球に無事に帰還	2020年12月　5日	岩石等採取カプセル切り離す
		はやぶさ2は新たな小惑星探査に11年後挑戦	
		〃　　12月　6日	オーストラリアでカプセル回収

JAXA（宇宙航空研究開発機構）が、鹿児島県種子島にある打ち上げ基地から2003年5月に打ち上げた小惑星探査機「はやぶさ」。2014年12月に打ち上げた小惑星探査機「はやぶさ2」。

ともに、小惑星探査機として打ち上げられ、人類史上で初めて、それぞれ小惑星「イトカワ」、「リュウグウ」の地表面に着陸させることに成功しました。

「はやぶさ」は、小惑星「イトカワ」から地表を構成する岩石の成分などを持ち帰ることに成功しました。

「はやぶさ」は、一時、小惑星「イトカワ」着陸後に地球上のJAXAとの交信ができず、失敗かと懸念されましたが、その後、探査が継続されるようになり、「イトカワ」の地表の成分を収めたカプセルを持ち帰ることに成功したのでした。

小惑星「イトカワ」は、小惑星とは言っても、直径約540mというとても小さな小天体です。小惑星探査機「はやぶさ」が「イトカワ」にたどり着くことだけでも難しい課題なのでした。無人探査機「はやぶさ」を、相模原にあるJAXA（宇宙航空研究開発機構）の通信基地からの遠隔操作によってなし遂げたのでした。

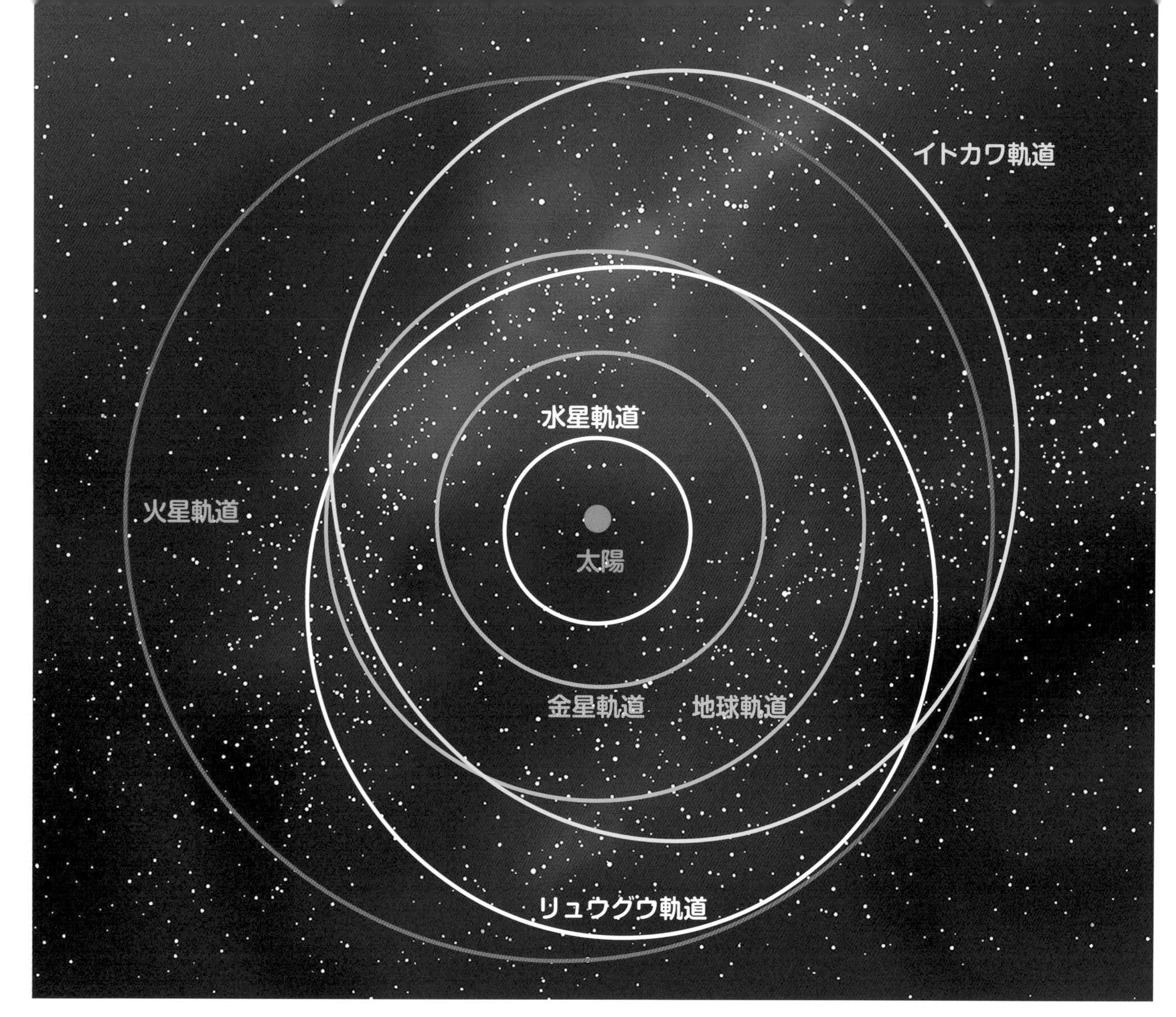

◆小惑星リュウグウの発見

小惑星リュウグウは、1999年5月10日に米国のLINEARプロジェクトによって発見されました。仮符号は1999 JU3というもので、軌道が正確に推定されたときに16273番という確定番号が付与されました。1999 JU3は、「はやぶさ２」が最初に提案された2006年から探査候補に挙げられていましたが、「はやぶさ２」が2014年12月に打ち上げられた後の2015年9月に、「リュウグウ」という名前が付けられたのです。これは、JAXAが名前を公募した中から選ばれたもので、LINEARプロジェクトから国際天文学連合に提案していただき、正式に認められたものです。

リュウグウの軌道はイトカワの軌道と似ていて、図のように地球と火星の間を公転するような軌道になっています。

小惑星探査機「はやぶさ2」の打ち上げは、「はやぶさ」の打ち上げから11年後の2014年12月でしたが、JAXAからの遠隔操作によって、ほぼ4年後の2019年2月と7月に、小惑星「リュウグウ」の岩石採取等に成功しました。

驚いたことの1つ目は、「リュウグウ」に降下する前に、地表のようすを詳しく調べて降下地点をマークし、危険を伴うとても狭い場所に、ほとんど誤差なく見事に着地させる事に成功したことでした。地球から小惑星「リュウグウ」までの距離が、片道約2億8000万kmあるため、電波交信によっても往復で30分ほどの時間がかかってしまうため、探査機「はやぶさ2」に積み込んだ人工頭脳自身が細かい調査・判断をしての着地だったとのことでした。

2つ目は、何度も着地点との距離を調整しながら高度を決め、その高さから発した弾丸で地表の岩石を砕き、舞い上がった細かい石などの地表成分を、カプセルに収集することに成功したことです。

3つ目は、小惑星「リュウグウ」の地表のようすを撮影するために、地表からの高さを計算して、撮影用のカメラを降下させた時のことです。

カメラは弾みながら、「リュウグウ」の地表のようすを撮影していました。

私は、感動を覚えました。小惑星「リュウグウ」の引力を、考えたからでした。

直径約900mほどの小天体である「リュウグウ」の引力は、とても小さいことを実感したからでした。

小惑星探査機「はやぶさ」の場合、小惑星「イトカワ」が直径約540mとさらに小天体であったために、引力はもっと小さかったのでしょう。カメラを降下させた高さも関係していたのでしょうが、カメラは弾みすぎて、小惑星「イトカワ」の引力に引き寄せられることなく、宇宙空間に消えてしまったとのことでした。

地球や月や小惑星などの引力の違いを、実感したのでした。

小惑星探査機「はやぶさ2」は、小惑星「リュウグウ」の岩石成分を収集したカプセルなどを載せて、地球に向かって飛び続けてきたのです。

そして、2020年12月5日、地球から約22万キロメートルの地点でカプセルを切り離し、「はやぶさ2」は次の目的地の小惑星に向かって飛び続けていったのです。

小惑星「リュウグウ」で採取した岩石等が入ったカプセルは、12月6日、無事に降下予定地であるオーストラリアの砂漠にパラシュートを広げて降下し、回収部隊により確保されたのでした。
　JAXAの津田雄一氏が語った言葉、「たまて箱」に込められた意味が、これから明らかになる事でしょう。

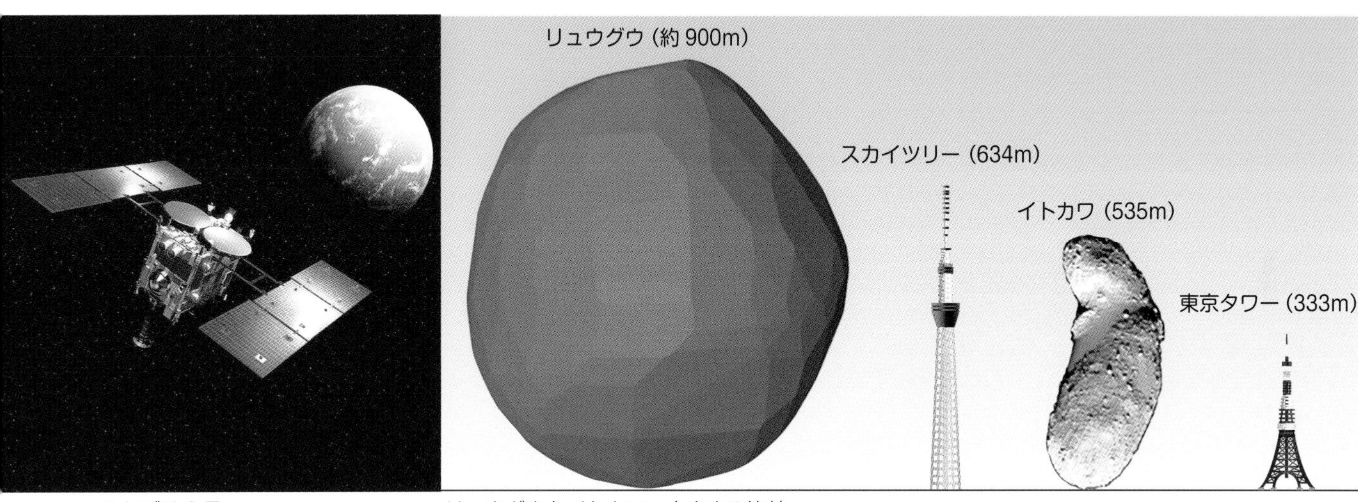

ハヤブサ２号　　リュウグウとイトカワ　大きさの比較

◆小惑星の形

　小惑星「イトカワ」は大きさがさしわたし約540メートルの天体ですが、球形とはほど遠い、ちょっと変わった形の天体であることがわかります。
　ほかにも、私たちが知っている小惑星の中には、球形ではなく、不規則な形をした天体が多数あります。
　小惑星ばかりではありません。衛星などの中にも球形ではないものがあります。火星の衛星フォボスとデイモス、土星の衛星などにも、球形ではないものがあります。

　球形ではない天体には1つの共通点があります。いずれも小さいということです。
　天体は、太陽系を漂っている岩のかけらなどが少しずつ集まってできたと考えられています。物質には重力があります。物質が集まってくると、それ自体が重力を持ち、内部(重心)に向かって引っ張ろうとする力が次第に強くなります。
　小さい天体の場合、その重力が小さいため、物質自体の強度が重力よりも強く、重力によりつぶされることがなく、それ自体の形を保ち続けます。しかし、ある程度物質が大きくなると、重力の方が上回るようになります。
　重力が、天体の中心に向けて均等に働くようになると、中心に向かって平均して同じ力が働くような形になってきます。その形が球形なのです(中心から等しい距離の形になる)。

　では、どのくらいの大きさの天体が、丸くなるかならないかの限界なのでしょうか。これは、内部を構成している物質によっても変わりますが、だいたい直径300キロが1つの境目ではないかと考えられます。たとえば、木星の衛星アマルテアはさしわたし260キロですが、形はいびつです。一方、土星の衛星ミマスは直径380キロですが、球形です。

　このあたりが、球形になるかならないかの境目ではないかと考えられます。

あとがき

本書『ちょっとだけ科学の話　22』を書くきっかけを下さったのは、天地人企画の有馬三郎様でした。有馬様から「ご自分の得意なことで何か書けませんか」というお話をいただいたのがきっかけでした。

普段でも、家族や友達との会話の中で、私から話題にすることの多い事柄を取り上げてみました。

気象や地質や天文に関することなど、話題にするのが私は好きです。

川に架かった橋を渡る時など、橋の上から流れる水の中に魚の群れなど見つけた時には、嬉しくなります。　そんな時に、川の水が逆流しているのを見付けたりするのです。

通船堀という遺構を目にした時、潮の満ち干を利用したであろう江戸時代の人達の知恵に驚いたりするのです。

昼間でも、夜でも、空にお月様を見つけたりすると、いろいろと考えて楽しくなります。

昼間の明るさのために見えない世界があることを考えたりするのです。

身近な自然界などで起きている現象に対して興味を持つのは、とっても楽しいものです。

友達などと話す事によって、確かめる事ができます。話す相手の反応がわかります。

曖昧なこと、わからないことも、はっきりします。

そんな時には、調べてみようと思います。それがまた、楽しいのです。

自分の思考を廻らすのも、楽しいものです。そして、自分で考えたことは、いつまでも忘れません。確かな認識に繋がる気がします。

身近なでき事の中から取り上げて、私なりの考えをまとめてみた『ちょっとだけ科学の話　22』です。

この本を読んでくださった皆さんが、日常生活の中のでき事を深く考えたり、確かめたりするきっかけになればと思っております。

そして、大人のみなさんだけでなく、小中学生や高校生のみなさんに読んでいただきたいなと思っております。

身近な自然現象などに興味を持ち、自分で考えることの面白さを知るきっかけになればと思っております。

今、子供達を取り巻く状況が、あまりにも余裕を失っている気がします。

一人一人の子供達は、素晴らしい可能性を秘めた存在です。そして、一人一人は、みんな違う個性を持っています。理解の仕方にも違いがあります。ゆっくりでも、確実に理解する子もいるのです。そんなに急ぐ必要は無いと思います。

変化の激しい世の中ですが、人と人とが助け合って、だれもが大切にされる世の中になるといいですね。そして、一人一人が、自分自身の羅針盤を持って生きていけるといいなと思っております。

本書の出版に際しましては、装丁を担当してくださり図解やイラスト、そして補足の解説文を添えて下さったアートディレクターの中平都紀子様、そして天地人企画の有馬三郎様、齊藤春夫様に、いろいろとお世話になりありがとうございました。

2021年3月31日

浅野　正男

MA

浅野正男（あさのまさお）
1948年、埼玉県小川町の農家に生まれる。
小学校の教師を36年間勤めた。
著書　『心の故郷を訪ねて』（創英出版、1997年3月）
　　　『蝸牛の家』（童話、近代文芸社、1997年11月）

ちょっとだけ科学の話 22

2021年5月10日発行

著　　　者　浅野正男
編 集 協 力　天地人企画（代表　有馬三郎）
　　　　　　〒134-0081　東京都江戸川区北葛西４－４－１－202
　　　　　　電話　03－3687－0443
デザイン・レイアウト　中平都紀子
装　　　丁　（有）ビズ
印刷・製本　（株）光陽メディア

定価はカバーに記載してあります。

ISBN978-4-908664-08-3 C0044